普通高等学校机械专业卓越工程师教育培养计划系列教材

数控机床原理及应用

主　编　张伟民　桂　林

副主编　雷　波　刘　银　张　辉

主　审　饶建华　杨　杰

华中科技大学出版社

中国·武汉

内 容 提 要

　　本书为普通高等学校机械专业卓越工程师教育培养计划系列教材。针对工程应用这个前提,本书系统、详细地介绍了计算机数控(CNC)机床的组成结构、工作原理及分类,数控机床的特点及发展趋势,数控机床编程的代码、编程格式以及编程方法,数控机床常用的位置检测元件的结构和工作原理及其应用,数控插补原理,数控机床伺服控制系统的组成和分类、伺服系统驱动装置的介绍以及数控机床的速度和位置控制,对数控机床的设计、工作状态和性能进行了整体的介绍,并着重介绍主传动设计、进给传动系统和自动换刀系统。

　　本书舍去了较深奥的理论推导和复杂的数学运算,突出基本概念与应用,叙述深入浅出,具有"易懂、好学"的特点。本书可作为普通高等学校机电类专业及其相关专业的教材,也可供工程技术人员及数控机床的操作、维护人员参考。

图书在版编目(CIP)数据

数控机床原理及应用/张伟民,桂林主编. —武汉:华中科技大学出版社,2014.10(2024.7重印)
ISBN 978-7-5680-0488-6

Ⅰ.①数…　Ⅱ.①张…　②桂…　Ⅲ.①数控机床-高等学校-教材　Ⅳ.①TG659

中国版本图书馆 CIP 数据核字(2014)第 250957 号

数控机床原理及应用	张伟民　桂 林　主编

策划编辑:万亚军
责任编辑:刘　勤
封面设计:刘　卉
责任校对:马燕红
责任监印:徐　露
出版发行:华中科技大学出版社(中国·武汉)　　电话:(027)81321913
　　　　　武汉市东湖新技术开发区华工科技园　　邮编:430223
录　　排:武汉三月禾文化传播有限公司
印　　刷:广东虎彩云印刷有限公司
开　　本:787mm×1092mm　1/16
印　　张:11
字　　数:270 千字
版　　次:2024 年 7 月第 1 版第 6 次印刷
定　　价:28.00 元

前　　言

数控机床的发展日新月异,高速化、高精度化、复合化、智能化、开放化、并联驱动化、网络化、极端化、绿色化已成为数控机床发展的趋势和方向,在能源、交通、航空、航天、船舶、重型机械制造、工程机械以及军事工业等多个行业的应用也日益增多。因此,本书力图更好地反映当代先进的数控技术水平。近年来,通过查阅和收集国内外资料,并对其进行总结和提炼,我们精心编写了本书,在编写中力图做到内容新颖、图文并茂、结构完整、叙述准确、脉络通顺、易于理解,并注意结合实际,以满足教学要求。

本书为普通高等学校机械专业卓越工程师教育培养计划系列教材,系统、详细地介绍了计算机数控(CNC)机床的组成结构、工作原理及分类等基本概念,还有针对性地重点介绍了重型数控机床的特点及发展趋势,可以使初学者全面、详细地了解数控相关基础知识。从应用的角度出发,本书详细地介绍了数控机床编程的代码、编程格式以及编程方法,对手工编程、数控车编程、数控钻编程、数控铣编程等都进行了详细介绍和举例说明,读者可根据本书的内容学会几种编程的基本方法,具体应用时参考现场的有关参考资料就能操作。位置检测装置是数控系统的重要组成部分,位置伺服控制的准确性决定了机床的加工精度,换句话说,数控机床之所以可以进行高精度加工,其中最关键的就是它通过位置监测装置形成了闭环(半闭环)控制系统,故本书介绍了数控机床常用位置检测元件的结构和工作原理及其应用,为设计人员或工艺人员在进行机床选型或者检测装置选型时提供参考。为了让读者清楚地了解数控机床如何加工出各种形状的零件,书中还较为详细地讲解了数控插补原理。伺服系统是控制运动部件的关键技术,数字交流伺服系统更是现代数控技术的前沿技术,故本书也对数控机床伺服控制系统的组成和分类、伺服系统驱动装置以及数控机床的速度和位置控制做了较全面的介绍,读者可较为深入地了解这方面的内容。本书还对数控机床的设计、工作状态和性能进行了整体的介绍,并着重介绍主传动设计、进给传动系统和自动换刀系统等。

本书针对工程应用这个前提,舍去了较深奥的理论推导和复杂的数学运算,突出基本概念与应用,叙述深入浅出,具有"易懂、好学"的特点,可作为各类学校机电类专业及其他机械类专业的教材,也可供数控机床的操作、维护人员及相关工程技术人员参考。

本书由张伟民、桂林任主编,由雷波、刘银、张辉任副主编。具体编写分工如下:第1章,张伟民、桂林;第2章,张伟民、刘银、张辉;第3章,刘银、雷波;第4章,雷波、张伟民;第5章,桂林、刘银;第6章,张辉、桂林。本书由饶建华教授、杨杰教授主审,在此表示衷心的感谢!

本书由中国地质大学(武汉)本科教学工程教材建设经费资助出版。

由于编者水平有限,书中难免存在不足和疏漏之处,敬请读者提出宝贵意见。

编　者

2015 年 5 月

目　　录

第1章 概　　述

本 章 要 点

本章主要介绍数控机床的相关概念，数控机床的基本组成，数控机床的工作原理及分类，数控机床的特点及发展趋势。

随着科学技术和社会生产力的迅速发展，对机械产品的质量和生产率提出了越来越高的要求。机械加工工艺过程的自动化成为实现上述要求的最重要措施之一。它不仅能够提高产品质量、提高生产率、降低生产成本，还能够极大地改善劳动者的生产条件。

目前很多制造企业已经广泛采用以自动机床、组合机床和专用机床为主体的刚性自动生产线，采用多刀、多工位和多面同时加工方法，常年进行着单一产品的高效和高度自动化的生产。尽管这种生产方式需要巨大的初始投资和很长的生产准备周期，但在大批、大量的生产条件下，由于分摊在每一个加工零件上的费用很少，因此，经济效益仍然是十分显著的。

不过，在制造业中并不是所有的产品都具有很大的需求量，单件与小批生产的零件一般占机械加工总量的 80% 左右。尤其是航空、航天、船舶、机床、重型机械、食品加工机械、包装机械和军事工业等产品，不仅加工批量小，而且加工的零件形状比较复杂，精度要求也很高，还需要经常改型。如果仍然采用专用化程度很高的自动化机床加工这类产品的零件就显得不尽合理。而经常改装和调整设备，对于专用生产线来讲，不仅会提高产品的生产成本，有时甚至是无法实现的。因此，这种刚性的自动化生产方式已逐渐显现出了对现代制造业的不适应性。

为了解决上述问题，从而实现多品种、小批产品零件的自动化生产，一种称为数控机床（numerical control machine tools）的现代机床应运而生。数控机床是数字控制机床的简称，是一种装有程序控制系统的自动化机床。该控制系统能够逻辑地处理具有控制编码或其他符号指令规定的程序，并将其译码，从而驱动机床动作并加工零件。它很好地解决了刚性自动生产线难以经常改型和调整设备的问题，显示出了适应多品种、小批产品零件生产的柔性。自从 1952 年美国麻省理工学院（Massachusetts Institute of Technology，MIT）伺服机构实验室研制出世界上第一台数控机床以来，数控机床在制造业，特别是在汽车、航空、航天及军事工业中被广泛地应用，数控技术无论在硬件还是软件方面，都有了飞速发展。现代数控机床更是集机械制造技术、液压气动技术、计算机技术、成组技术与现代控制技术、传感器检测技术、信息处理技术、网络通信技术等于一体，因此，数控机床技术的提高是提高整个制造业水平的重要基础。

数控技术及装备是发展新兴高新技术产业和尖端工业（如信息技术及其产业，生物技术及其产业，航空、航天及国防工业产业等）的使能技术和最基本的装备。在提高生产率、降低生产成本、提高加工质量及改善劳动者劳动强度等方面，都有着突出的优点。以现代数控机床为代表的先进制造技术已成为当前急需加快发展的突破性技术，其新突破将成为整个制造业全面发展的关键。

1.1　数控机床的基本概念

数字控制(numerical control，NC)或数控技术是一种借助数字化信息(数字、字符)对某一工作过程(如加工、测量、装配等)发出指令并实现自动控制的技术。

数字控制是相对于模拟控制而言的：数字控制系统中的控制信息是数字量，其变化在时间上和数量上都是不连续的；模拟控制系统中的控制信息是模拟量，其变化无论是在时间上还是数量上都是连续的。

数字控制与模拟控制相比有许多优点，如可对数字化信息进行逻辑运算、数学运算等复杂的信息处理工作，可用软件来改变信息处理的方式或过程，而不用改动控制电路或机械机构，从而使机械设备具有很大的柔性。因此，数字控制已广泛用于机械运动的轨迹控制和机械系统的状态控制，如各类机床、机器人等的控制。

数控系统(numerical control system)是采用数字控制技术的自动控制系统。由硬件和软件两部分组成，它自动输入载体上事先给定的数字量，并将其译码，在进行必要的信息处理和运算后，控制机械系统的运转。

数控系统最初是由数字逻辑电路构成的专用硬件数控系统。随着微型计算机的发展，硬件数控系统已逐步被淘汰，取而代之的是计算机数控系统(computerized numerical control system，CNC 系统)。CNC 系统是由计算机承担数控中的命令发生器和控制器的数控系统。由于计算机可完全由软件来确定数字信息处理的过程，从而具有真正的柔性，并可以处理硬件逻辑电路难以处理的复杂信息，使数字控制系统的性能大大提高。

数控机床(numerical control machine tools)是采用数字控制技术对机床的加工过程进行自动控制的一类机床。数控机床是一种装有程序控制系统(数控系统)的高效自动化机床，是数控技术典型应用的例子，是现代制造技术的基础。它使传统的机械加工工艺发生了质的飞跃，实现了加工过程的自动化操作。

1.2　数控机床的组成

数控机床是最典型的数控设备。现代数控机床主要由 CNC 系统和机床主体组成，此外数控机床还有许多辅助装置：自动换刀装置(automatic tool changer，ATC)，自动工作台交换装置(automatic pallet changer，APC)，自动对刀装置，自动排屑装置及电、液、气、冷却、润滑、防护等装置。数控机床的硬件构成如图 1-1 所示。

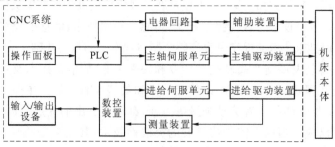

图 1-1　数控机床的硬件构成

数控机床的逻辑组成如图 1-2 所示。

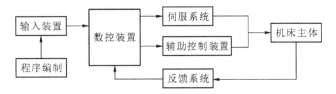

图 1-2 数控机床的逻辑组成

1.2.1 程序及载体

人与数控机床之间建立某种联系的中间媒介物就是控制介质,又称信息载体。程序必须存储在某种存储介质中,早期常用的控制介质有穿孔带、穿孔卡、磁盘和磁带,近年来常用的控制介质有 U 盘、硬盘、SD 卡等。采用哪一种存储介质,取决于数控装置的设计类型。存储介质上记载的加工信息需要输入装置传送给机床数控装置,数控装置内存中的零件加工程序可以通过输出装置传送到存储介质上。

1.2.2 输入/输出设备

输入/输出设备主要是用于人机交互的设备及通信接口。数控机床在加工运行时,通常都需要操作人员对数控系统进行状态干预,对输入的加工程序进行编辑、修改和调试,对数控机床运行状态进行显示等,也就是数控机床要具有人机联系的功能。具有人机联系功能的设备统称人机交互设备。常用的人机交互设备有键盘、显示器、光电阅读机等。现代的数控系统除采用输入/输出设备进行信息交换外,一般都具有用通信方式进行信息交换的能力。它们是实现 CAD/CAM 的集成、FMS 和 CIMS 的基本技术。通常采用如下方式。

(1) 串行通讯(RS-232 等串口)。

(2) 自动控制专用接口和规范(DNC 方式,MAP 协议等)。

(3) 网络技术(internet,LAN 等)。

图 1-3 所示为西门子的一款数控系统的操作面板,主要分为三个区域。

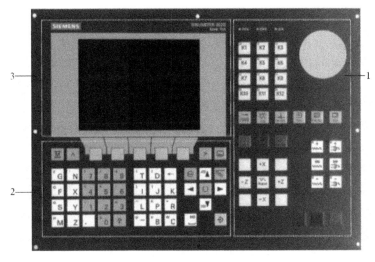

图 1-3 人机交互面板

1—MCP 区域;2—NC 键盘;3—LCD 显示

1.2.3　计算机数控装置

数控装置是数控机床的中枢,又称CNC装置(CNC单元),它由输入/输出接口电路、运算器、控制器和存储器等部分组成。它接收输入装置送来的信号,经过数控装置的系统软件或逻辑电路进行编译、运算和逻辑处理后,输出各种信号和指令控制机床的各个部分,按照规定进行有序的动作。数控装置将数控加工程序按两类控制量分别进行控制和输出:一类是连续控制量,根据所读入的加工程序,通过译码,编译等信息处理后,由具有插补功能的软、硬件进行相应的刀具轨迹插补运算,并通过与各个坐标伺服驱动系统的位置、速度反馈信号比较,将控制结果送往驱动装置,从而控制各个坐标的位移;另一类是离散的开关量,实现加工过程中的时序逻辑控制,这部分任务通常主要由数控装置的内装型或独立型的可编程控制器(PLC)来完成,它根据机床加工过程中的各个动作要求进行协调,按各检测信号进行逻辑判别,控制机床各个部件有条不紊地按序工作。

1.伺服驱动

伺服驱动是计算机数控装置和机床本体的联系环节,它的主要功能是把来自CNC装置的微弱的脉冲指令信息,经过功率放大后,严格按照指令信息的要求驱动机床的运动部件,完成指令规定的动作,加工出合格的零件。通常伺服单元由进给驱动和主轴驱动组成。

进给伺服驱动装置由位置控制单元、速度控制单元、电动机和测量反馈单元等部分组成。它按照数控装置发出的位置控制命令和速度控制命令正确驱动机床进给部件移动。每个做进给运动的部件都配有一套伺服驱动系统。伺服驱动系统有开环、半闭环和闭环之分。在半闭环和闭环伺服驱动系统中,利用位置检测装置,间接或直接测量执行部件的实际进给位移,与数控装置发出的指令位移进行比较后,按闭环原理,将其误差转换放大后控制执行部件的进给运动。

主轴伺服驱动装置主要由速度控制单元组成,实现无级调速控制。主轴伺服控制必要时还需具备定向准停等位置控制功能。

驱动装置有步进电动机、直流伺服电动机和交流伺服电动机等。

2.辅助控制装置

辅助控制装置是介于数控装置与机床机械、液压部件之间的控制系统。它与一般的普通机床的辅助控制装置类似,但为提高可靠性,各类抗干扰措施需更加完善。它的主要作用是接收数控装置发出的主轴的转速、转向和启/停指令,刀具的选择和交换指令,冷却、润滑装置的启/停指令,工件的松开、夹紧指令,工作台的分度指令,排屑等辅助装置的启/停控制指令,经过必要的编译和逻辑判断,输出的指令经功率放大后驱动相应的电气、液压、气动和机械部件,完成指令规定的动作。过载等监控信号及行程开关信号也经辅助控制装置送到数控装置进行处理。

3.测量反馈装置

测量反馈装置分为位置和速度测量装置,用以实现进给伺服系统的闭环控制,其作用是保证灵敏、准确地跟踪以下CNC装置指令。

(1)进给运动指令　实现零件加工的成形运动(速度和位置控制)。

(2)主轴运动指令　实现零件加工的切削运动(速度控制)。

反馈元件通常安装在机床的工作台或丝杠上,其主要功能是将数控机床各坐标轴的位移检测值反馈到机床的数控装置中,供计算机数控装置与指令值比较以产生误差信号,以控制机床向消除该误差的方向移动。

4.机床本体

机床本体指的是数控机床机械结构实体。它与传统的机床基本相同,同样由主传动系统、进给传动系统、工作台、床身、立柱以及液压气动系统、润滑系统、冷却装置等部分组成。但为了满足数控的要求,充分发挥机床的性能,它在整体布局、外观造型、传动系统结构、操作机构等方面都发生了很大变化,在精度、刚度、抗振性及自动化控制水平等方面要求更高。对于加工中心类的数控机床,还配置有存放刀具的刀库、交换刀具的机械手等部件。

1.3　数控机床的工作原理及分类

1.3.1　数控机床的工作原理

数控机床与普通机床相比较,其工作原理的不同之处就在于数控机床是按以数字形式给出的指令进行加工的。数控机床加工零件,首先要将被加工零件的图样及工艺信息数字化,用规定的代码和程序格式编写加工程序,然后将所编写的指令输入机床的数控装置中,数控装置再将程序进行编译、运算后,向机床的各个坐标的伺服机构和辅助控制装置发出指令,驱动机床的各个运动部件完成所需的辅助运动,最后加工出合格零件。数控系统实质上是完成了手工加工中操作者的部分工作。如图 1-4 所示。

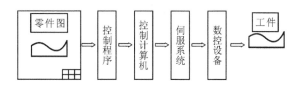

图 1-4　数控机床工作原理图

1.3.2　数控机床的分类

1.按数控机床的加工原理(工艺)分类

(1) 普通数控机床　数控车床、数控铣床、加工中心、车削中心等。

其中加工中心是在一般数控机床的基础上发展起来的。它是在一般数控机床上加装一个刀库(可容纳 10～100 把刀具)和自动换刀装置而构成的一种带自动换刀装置的数控机床(又称多工序数控机床或镗铣类加工中心,习惯上简称为加工中心——machining center),这使数控机床更进一步地向自动化和高效化方向发展。数控加工中心机床和一般数控机床的区别是:工件经一次装夹后,数控装置就能控制机床自动地更换刀具,连续地对工件各加工面自动地完成铣(车)、镗、钻、铰及攻螺纹等多工序加工。由于数控加工中心机床的优点很多,深受用户欢迎,因此在数控机床生产中占有很重要的地位。

车削中心是在车床基础上发展起来的,以轴类零件为主要加工对象。除可进行车削、镗削外,还可以进行端面和周面上任意部位的钻削、铣削和攻螺纹加工。这类加工中心也设有刀库,可安装 4～12 把刀具,习惯上称此类机床为车削中心(turning center,TC)。

(2) 特种加工数控机床　线切割数控机床、电火花成形加工数控机床(采用电火花原理对高硬度零件进行切割及对形腔进行加工)。

(3) 成形加工类　具有通过物理方法改变工件形状功能的数控机床。如数控折弯机、数控弯管机等。

（4）其他类型　一些广义上的数控装备。如数控装配机、数控测量机、机器人等。

2. 按数控机床的运动轨迹分类

按照能够控制的刀具与工件间相对运动的轨迹,可将数控机床分为点位控制数控机床、点位直线控制数控机床、轮廓控制数控机床等。现分述如下。

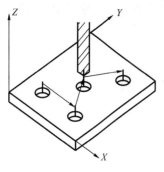

图 1-5　点位控制

1）点位控制数控机床

这类机床的数控装置只能控制机床移动部件从一个位置（点）精确地移动到另一个位置（点）,即仅控制行程终点的坐标值,在移动过程中不进行任何切削加工,至于两相关点之间的移动速度及路线则取决于生产率。为了在精确定位的基础上获得尽可能高的生产率,所以两相关点之间的移动先是以快速移动到定位点附近,然后降速 1～3 级,使之慢速趋近定位点,以保证其定位精度,如图 1-5 所示。

这类机床主要有数控坐标镗床、数控钻床、数控冲床和数控测量机等,其相应的数控装置称为点位控制装置。

2）点位直线控制数控机床

这类机床工作时,不仅要控制两相关点之间的位置（即距离）,还要控制两相关点之间的移动速度和路线（即轨迹）。其路线一般都由与各轴线平行的直线段组成,如图 1-6 所示。它和点位控制数控机床的区别在于:当机床的移动部件移动时,可以沿一个坐标轴的方向（一般地也可以沿 45°斜线进行切削,但不能沿任意斜率的直线切削）进行切削加工,而且其辅助功能比点位控制的数控机床多,例如,要增加主轴转速控制、循环进给加工、刀具选择等功能。

这类机床主要有简易数控车床、数控镗铣床和数控加工中心等。其相应的数控装置称为点位直线控制装置。

3）连续控制数控机床（轮廓控制数控机床）

这类机床的控制装置能够同时对两个或两个以上的坐标轴进行连续控制（见图 1-7）。加工时不仅要控制起点和终点,还要控制整个加工过程中每点的速度和位置,使机床加工出符合图样要求的复杂形状的零件。它的辅助功能也比较齐全。

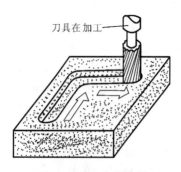

图 1-6　点位直线控制

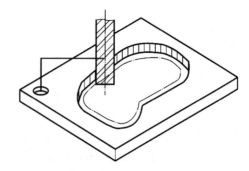

图 1-7　连续控制

这类机床主要有数控车床、数控铣床、数控磨床和电加工机床等。其相应的数控装置称为轮廓控制装置（或连续控制装置）。

3. 按照伺服驱动系统的控制方式分类

数控机床按照对被控制量有无检测反馈装置可以分为开环和闭环两种。在开环系统的基础上,还发展了一种开环补偿型数控系统。在闭环系统中,根据测量装置安放的位置又可以将其分为全闭环和半闭环两种。

1）开环控制数控机床

在开环控制中,机床没有检测反馈装置(见图1-8)。

数控装置发出信号的流程是单向的,所以不存在系统稳定性问题。也正是由于信号的单向流程,它对机床移动部件的实际位置不进行检验,所以机床加工精度不高,其精度主要取决于伺服系统的性能。其工作过程是:输入的数据经过数控装置运算分配出指令脉冲,通过伺服机构(伺服元件常为步进电动机)使被控工作台移动。部件的移动速度和位移量是由输入脉冲的频率和脉冲数决定的。

图1-8 开环控制系统框图

这种机床工作比较稳定、反应迅速、调试方便、维修简单,但其控制精度受到限制。它适用于一般要求的中、小型数控机床。

2）闭环控制数控机床

由于开环控制精度达不到精密机床和大型机床的要求,所以必须检测它的实际工作位置,为此,在开环控制数控机床上增加检测反馈装置,在加工中时刻检测机床移动部件的位置,使之和数控装置所要求的位置相符合,以期达到很高的加工精度。

闭环控制系统框图如图1-9所示。图中A为速度测量元件,C为位置测量元件。当指令值发送到位置比较电路时,此时若工作台没有移动,则没有反馈量,指令值使得伺服电动机转动,通过A将速度反馈信号送到速度控制电路,通过C将工作台实际位移量反馈回去,在位置比较电路中与指令值进行比较,用比较的差值进行控制,直至差值消除时为止,最终实现工作台的精确定位。这类机床的优点是精度高、速度快,但是调试和维修比较复杂。其关键是系统的稳定性,所以在设计时必须对稳定性给予足够的重视。

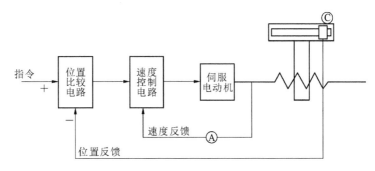

图1-9 闭环控制系统框图

3）半闭环控制数控机床

半闭环控制系统的组成如图1-10所示。

这种控制方式对工作台的实际位置不进行检查测量,而是通过与伺服电动机有联系的测量元件(如测速发电机A和光电编码盘B(或旋转变压器)等)间接检测出伺服电动机的转角,推算出工作台的实际位移量,如图1-10所示的半闭环控制系统框图用此值与指令值进行比较,用差值来实现控制。从图1-10可以看出,由于惯性较大的机床移动部件(机床工作台)没

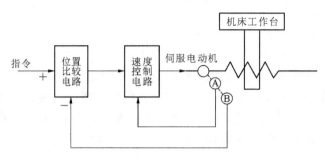

图 1-10　半闭环控制系统框图

有完全包括在控制回路内,因而称之为半闭环控制。系统闭环环路内不包括机械传动环节,可获得稳定的控制特性。机械传动环节的误差用补偿的办法消除,可获得满意的精度。中档数控机床广泛采用半闭环数控系统。

4) 开环补偿型数控机床

将上述三种控制方式的特点有选择地集中起来,可以组成混合控制的方案。这在大型数控机床中是人们多年研究的题目,现在已成为现实。因为,大型数控机床需要高得多的进给速度和返回速度,又需要相当高的精度,如果只采用全闭环的控制,机床传动链和工作台全部置于控制环节中,因素十分复杂,尽管安装调试多经周折,仍然困难重重。为了避开这些矛盾,可以采用混合控制方式。在具体方案中它又可分为两种形式:一是开环补偿型;一是半闭环补偿型。这里仅对开环补偿型控制数控机床加以介绍。

图 1-11 所示为开环补偿型控制方式的组成框图。它的特点是:基本控制选用步进电动机的开环控制伺服机构,附加一个校正伺服电路,通过装在工作台上的直线位移测量元件的反馈信号来校正机械系统的误差。

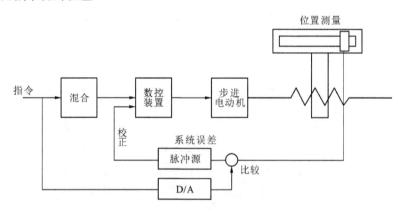

图 1-11　开环补偿型控制系统框图

4. 按照数控装置分类

数控机床若按其实现数控逻辑功能控制的数控装置来分,有硬线(件)数控和软线(件)数控两种。

(1) 硬线数控(称普通数控,即 NC)　这类数控系统的输入、插补运算、控制等功能均由集成电路或分立元件等器件实现。一般来说,数控机床不同,其控制电路也不同,因此系统的通用性较差,因其全部由硬件组成,所以其功能和灵活性也较差。这类系统在 20 世纪 70 年代以前应用得比较广泛。

(2) 软线数控(又称计算机数控或微机数控,即 CNC 或 MNC)　这类系统利用中、大规模及超大规模集成电路组成 CNC 装置,或用微机与专用集成芯片组成,其主要的数控功能几乎全由软件来实现,对于不同的数控机床,只须编制不同的软件就可以实现,而硬件几乎可以通用。因而其灵活性和适应性强,也便于批量生产,模块化的软、硬件,提高了系统的质量和可靠性。所以,现代数控机床都采用 CNC 装置。

1.4 数控机床的特点

数控机床对零件的加工过程,是严格按照加工程序所规定的参数及动作执行的。它是一种高效能自动或半自动机床,与普通机床相比,具有以下明显特点。

1) 适合于复杂异形零件的加工

数控机床可以完成普通机床难以完成或根本不能制造的复杂零件的加工,因此在航空、造船、汽车、模具等加工业中得到广泛应用。

2) 加工精度高,保证产品质量

数控机床的加工精度一般可达到 0.001~0.1 mm。数控机床是按数字信号形式控制的,数控装置每输出一个脉冲信号,机床移动部件就移动一个脉冲当量(一般为 0.001 mm),加工过程不需要人工干预,而且机床进给传动链的反向间隙与丝杠螺距平均误差可由数控装置(CNC 装置)进行校正及补偿,所以,数控机床定位精度比较高。故可以获得比机床本身精度还要高的加工精度。

3) 加工稳定可靠

实现计算机控制,排除人为误差,零件的加工一致性好,质量稳定可靠。

4) 高柔性

在数控机床上加工零件,主要取决于数控加工程序,它与普通机床不同,不必制造、更换许多工具、夹具,不需要经常调整机床。当加工对象改变时,一般只需要更改数控加工程序,体现出很好的适应性,可大大节省生产准备时间。在数控机床的基础上,可以组成具有更高柔性的自动化制造系统——柔性制造系统(flexible manufacturing system,FMS)。

5) 高生产率

数控机床可有效地减少零件的切削时间和辅助时间,数控机床的主轴转速和进给量的范围大,允许机床进行大切削量的强力切削。数控机床目前正进入高速加工时代,数控机床移动部件的快速移动和定位及高速切削加工,减少了半成品的工序间的周转时间,提高了生产率。

6) 劳动条件好

数控机床是具有广泛的通用性而且具有很高自动化程度的机床。它的控制系统不仅能控制机床各种动作的先后顺序,还能控制机床运动部件的运动速度,以及刀具相对工件的运动轨迹。操作者除了操作控制面板、装卸零件,进行关键工序的中间测量及观察机床运行之外,其他机床动作直至加工完毕,都是自动连续完成的,不需要进行繁重的重复性手工操作,劳动强度和紧张程度均可大大减轻,劳动条件也得到了相应的改善。而且,数控机床还是计算机辅助设计与制造(CAD/CAM)、柔性制造系统(FMS)、计算机集成制造系统(computer integrated manufacturing system,CIMS)等柔性加工和柔性制造系统的基础。

7) 有利于管理现代化

用数控机床加工零件,能精确地计算零件的加工工时,并有效地简化了检验和工装夹具、半成品的管理工作,这些特点都有利于向计算机控制与管理生产方面发展,为实现生产过程自动化创造了条件。

8) 投资大,维修困难,使用费用高

数控机床的初期投资及技术维修等费用较高,而且,数控机床作为典型的光机电一体化产品,其技术含量高,对管理及操作人员的素质要求也较高。合理地选择和使用数控机床,可以降低企业的生产成本,提高经济效益和竞争能力。

9) 生产准备工作复杂

由于整个加工过程采用程序控制,数控加工的前期准备工作较为复杂,包含工艺方案确定、数控程序编制等工作。

1.5 机床(重型)现状及发展趋势

1.5.1 国内外重型机床现状

1. 国内厂家介绍

经过多年发展,尤其是在近几年的大量需求的刺激下,国内几大机床厂家都进行了产能和技术的大扩张,产品基本形成了门类齐全又各有侧重的局面。

目前,国内较大的机床厂家有:武汉重型机床集团有限公司、北京第一机床厂(简称北一机床)、齐重数控装备股份有限公司、齐齐哈尔二机床厂集团有限责任公司、济南二机床集团有限公司、青海重型机床厂、上海重型机床厂有限公司、险峰机床厂、瓦房店重型机床厂、芜湖重型机床股份公司、东方机床厂等。

我国能提供多品种重型机床的主要厂家如表 1-1 所示。

表 1-1 提供多品种重型机床的主要厂家

厂 家	重型数控龙门镗铣床	重型立式铣车床	数控重型落地铣镗床	数控重型卧式车床
武汉重型机床集团有限公司	可提供宽 9.6 m、长 58 m 的数控龙门镗铣床	可提供加工直径为 28 m 的数控立式铣车床	可提供镗杆直径为 320 mm 的落地铣镗床	可提供回转直径为 6.4 m、长 20 m 的数控卧式车床
北京第一机床厂	可提供宽 9.6 m、长 58 m 的数控龙门镗铣床	可提供加工直径为 5 m 的数控立式铣车床	可提供宽 9.6 m、长 58 m 的数控龙门镗铣床	可提供加工直径为 5 m 数控立式铣车床
齐重数控装备股份有限公司	可提供宽 9.6 m、长 58 m 的数控龙门镗铣床	可提供加工直径为 25 m 的数控立式铣车床	可提供镗杆直径为 200 mm 的落地铣镗床	可提供回转直径 6.4 m、长 20 m 的数控卧式车床
齐齐哈尔二机床厂集团有限责任公司	可提供宽 5 m、长 20 m 的数控龙门镗铣床	可提供加工直径为 8 m 的数控立式铣车床	可提供镗杆直径为 320 mm 的落地铣镗床	可提供回转直径 4 m、长 10 m 数控卧式车床
济南二机床集团有限公司	可提供各种规格的数控龙门镗铣床	—	可提供镗杆直径为 250 mm 的落地铣镗床	可提供各种规格长数控龙门镗铣床
沈阳机床集团	可提供宽 5 m、长 20 m 的数控龙门镗铣床	可提供加工直径为 5 m 的数控立式铣车床	可提供镗杆直径为 200 mm 的落地铣镗床	可提供回转直径 1.6 m、长 10 m 数控卧式车床

　　我国能提供重型数控龙门镗铣床厂家具体如表 1-2 所示,图 1-12 所示为重型数控龙门镗铣床。

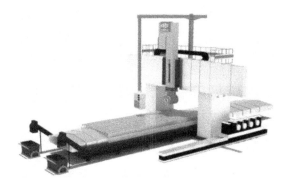

图 1-12　重型数控龙门镗铣床

表 1-2　提供重型数控龙门镗铣床厂家

厂　　家	加工宽度 3 m	加工宽度 4 m	加工宽度 5 m	加工宽度 6 m 以上
武汉重型机床集团有限公司	√	√	√	√
北一机床	√	√	√	√
济南二机床集团有限公司	√	√	√	√
齐齐哈尔二机床厂集团有限责任公司	√	√	√	—
齐重数控装备股份公司	√	√	√	—
沈阳机床集团	√	√	√	—
大连机床集团	√	√	—	—

　　我国能提供数控重型立式铣车床厂家具体如表 1-3 所示,图 1-13 所示为数控重型立式铣车床。

图 1-13　数控重型立式铣车床

表 1-3　提供数控重型立式铣车床厂家

厂　家	加工直径 5 m	加工直径 8 m	加工直径 10 m	加工直径 16 m 以上
武汉重型机床集团有限公司	√	√	√	√
齐重数控装备股份公司	√	√	√	√
齐齐哈尔二机床厂集团有限责任公司	√	√	√	—
北一机床	√	—	—	—
沈阳机床集团	√	√	—	—

　　我国能提供数控重型落地铣镗床厂家具体如表 1-4 所示,图 1-14 所示为数控重型落地铣镗床。

图 1-14　数控重型落地铣镗床

表 1-4　提供数控重型落地铣镗床厂家

厂　家	镗杆直径 160 mm	镗杆直径 200 mm	镗杆直径 260 mm	镗杆直径 320 mm
武汉重型机床集团公司	√	√	√	√
齐齐哈尔二机床厂集团有限责任公司	√	√	√	√
济南二机床集团有限公司	√	√	√	—
齐重数控装备股份公司	√	√	—	—
沈阳机床集团	√	—	—	—
昆明机床集团	√	√	√	—
大连机床集团	√	√	—	—

　　我国能提供数控重型卧式车床厂家具体如表 1-5 所示,图 1-15 所示为数控重型卧式车床。

图 1-15 数控重型卧式车床

表 1-5 提供数控重型卧式车床厂家

厂 家	回转直径 2 m	回转直径 2.5 m	回转直径 4 m	回转直径 5 m 以上
武汉重型机床集团有限公司	√	√	√	√
齐重数控装备股份公司	√	√	√	√
青海华鼎重型机床公司	√	√	√	—
齐齐哈尔二机床厂集团 有限责任公司	√	√	√	√
上海重型机床厂有限公司	√	√	—	—
星火机床集团	√	√	√	—

2. 国外厂家介绍

(1) 重型龙门移动镗铣床主要生产厂家有:德国瓦德里希·科堡公司、希斯(SCHIESS)公司、意大利 INNSE、美国 Ingersoll,北一机床采用的就是德国瓦德里希·科堡的技术。

(2) 国外的重型落地铣镗床生产厂家主要有:意大利 PAMA 公司、德国希斯(SCHIESS)、意大利 INNSE 公司、捷克 SKODA 公司、西班牙 DANNOBAT 等。

(3) 国外重型卧式车床著名生产厂家主要有:德国基根(Siegen)、捷克 SKODA、意大利善福公司等。

(4) 国外重型立式铣车床著名生产厂家主要有:希斯庄明、希斯(沈阳机床)、德国瓦德里希·科堡(北一机床)、德国 DMG、意大利皮特卡纳基、瑞士 Starrag、捷克 TOSHULIN、西班牙 BOST、日本 TOSHIBA、韩国 DOOSAN 等。

相比于国外机床,我国的机床在规格、功能上已迎头赶上。但是机床的关键参数如主轴转速、精度、可靠性与国外机床的相比还有较大差距。

3. 国外重型机床发展现状

(1) 高速高精与多轴加工成为数控机床的主流,纳米控制已经成为高速高精加工的潮流。

(2) 多任务和多轴加工数控机床越来越多地应用到能源、航空、航天等行业。

(3) 机床与机器人的集成应用日趋普及,且结构形式多样化,应用范围扩大化,运动速度高速化,多传感器融合技术实用化,控制功能智能化,多机器人协同普及化。

(4) 智能化加工与监测功能不断扩充,车间的加工监测与管理可实时获取机床本身的状态信息,分析相关数据,预测机床的状态,提前进行相关的维护,避免事故的发生,减少机床的故障率,提高机床的利用率。

(5) 最新的机床误差检测与补偿技术能够在较短的时间内完成对机床的补偿测量,与传统的激光干涉仪相比,对机床误差的补偿精度能够提高 3～4 倍,同时效率得到大幅度提升。

（6）最新的 CAD/CAM 技术为多轴多任务数控机床的加工提供了强有力的支持,可以大幅度提高加工效率。

（7）刀具技术发展迅速,众多刀具的设计涵盖了整个加工过程,并且新型刀具能够满足平稳加工以及抗振性能的要求。

1.5.2　关键共性技术

1. 热误差补偿及热对称结构

图 1-16 所示为落地镗床温度布点。

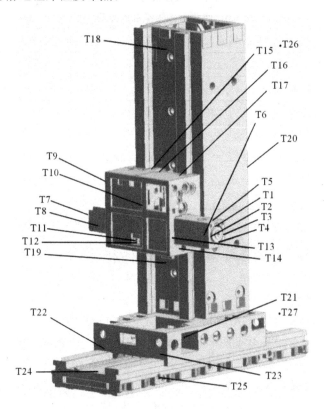

图 1-16　落地镗床温度布点

图 1-17 所示为立柱热变形趋势。

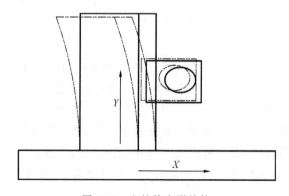

图 1-17　立柱热变形趋势

图 1-18 所示为 Y 向定位误差变化(顺向)。

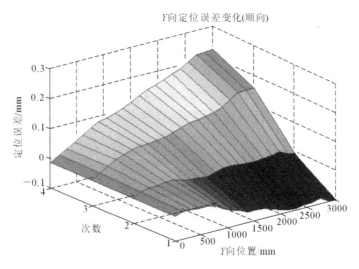

图 1-18 Y 向定位误差变化(顺向)

图 1-19 所示为数控双柱立式车床几何精度测量现场。

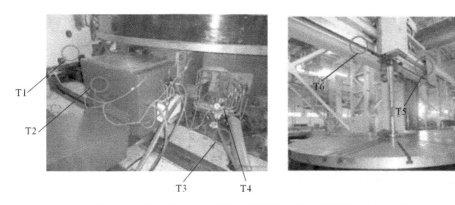

图 1-19 数控双柱立式车床几何精度测量现场及温度布点情况

图 1-20 所示为补偿效果对比。

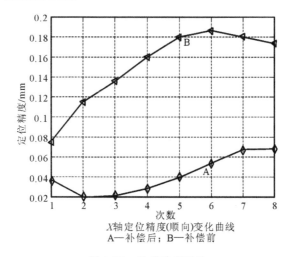

图 1-20 补偿效果对比

2.自适应技术

在实际切削加工过程中,切削条件是在不断变化的,预定的切削参数的设置并非为最优值,从而影响加工质量和稳定性。

自动调节切削用量来适应切削过程中不断变化着的加工条件,以保证一组切削效果指标始终为最优,这就是自适应切削原理。图 1-21 所示为自适应控制原理图,图 1-22 所示为加工螺旋桨进给和负荷的变化曲图。

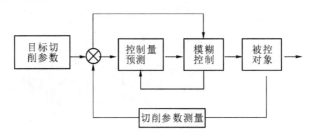

图 1-21　自适应控制原理图

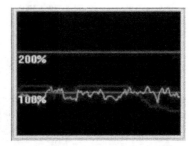

图 1-22　加工螺旋桨进给和负荷的变化曲图

3.故障预警和诊断技术

通过现场数据采集与通信模块,实时采集设备的运行状况,及时发现故障先兆,并传送到信息中心处理,减少设备发生故障的次数,可有效地防止重大事故的发生,提高远程服务和维修能力。图 1-23 所示为远程故障诊断系统的总体结构,图 1-24 所示为故障诊断方案模型图。

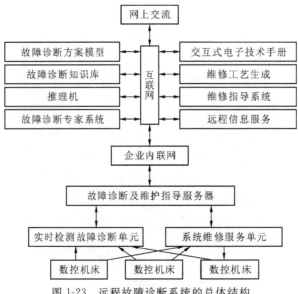

图 1-23　远程故障诊断系统的总体结构

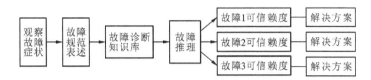

图 1-24 故障诊断方案模型图

4.多轴联动及复杂曲面(如叶片)加工切削编程技术

多轴联动加工可以提高空间自由曲面的加工精度、质量和效率,武重 CKX5680 七轴五联动机床加工螺旋桨及小曲率整体页盘多轴联动插铣示意图分别如图 1-25、图 1-26 所示。

图 1-25 武重 CKX5680 七轴五联动机床加工螺旋桨

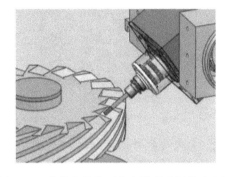

图 1-26 小曲率整体页盘多轴联动插铣示意图

5.高速进给动态特性、加速度平稳控制技术

机床动态特性是指机床系统在振动状态下的特性,其好坏会直接影响机床加工精度、生产效率等,立车整机模态分析如图 1-27 所示。

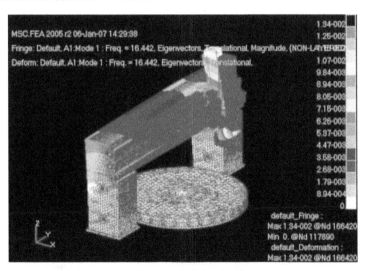

图 1-27 立车整机模态分析

提高机床结构动刚度的三种措施如下。

(1)提高机床构件的静刚度和固有频率。

(2)改善机床结构的阻尼特性。

(3)变更振型的振动方向。

6.高精度数控摆角铣头的研究

双摆角铣头(以下简称双摆头)是五轴加工机床的关键功能部件之一,是实现五轴联动和高品质加工的关键。其研制必须解决液压电气走线技术、密封技术、冷却及润滑技术、制动技术、消隙技术、定位控制技术等一系列技术难题。图 1-28 所示为双摆角铣头的典型结构,图 1-29所示为实际铣削加工时的工作图。

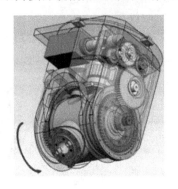 

图1-28　双摆角铣头的典型结构　　　　　图 1-29　铣削加工

7.自动在线测量、误差补偿技术

在线测量也称实时检测,是在加工的过程中实时对刀具进行检测,并依据检测的结果做出相应的处理,图 1-30 所示为在线检测系统的组成,图 1-31 所示为在线检测在大型整体螺旋桨中的应用。其优势为:

① 工件经过一次装卡后即可完成加工与测量,省时省力,还能降低测量成本,也避免了二次装夹误差;

② 根据测量结果自动修改加工程序,改善加工精度。

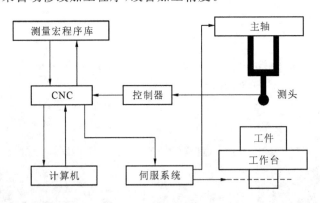

图 1-30　在线检测系统的组成

在线测量　━━━→　在线反求建模　━━━→　余量分配、加工与质量评估

图 1-31　在线检测在大型整体螺旋桨中的应用

8.高精密静压导轨和静压轴承技术

静压轴承在重型机床中应用广泛,主要有回转轴承、直线导轨、回转导轨等。图 1-32 所示为静压回转轴承,图 1-33 所示为静压直线导轨,图 1-34 所示为静压回转导轨。

其优点为:

① 摩擦因数小、工作寿命长;

② 静压轴承有"均化"误差的作用,能减轻制造中不精确性产生的影响,故对制造精度的要求比动压轴承低;

③ 摩擦副表面上的压力比较均匀,轴承的可靠性和寿命较高;

④ 静压轴承适应的工况范围极广;

⑤ 可精确地获得预期的轴承性能。

图 1-32 静压回转轴承(DL250)
1—主轴静压套;2—主轴;3—静压托

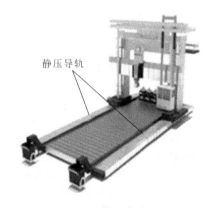

静压导轨

图 1-33 静压直线导轨

图 1-34 静压回转导轨

9.地基基础

地基的变化影响机床稳装精度,影响静压导轨性能,影响机床加工刚度,最终影响机床的正常使用。对地基的设计涉及地质状况、桩基与混凝土的土木工程及机床对地平下的结构要求等。图 1-35 所示为龙门铣床地基图。

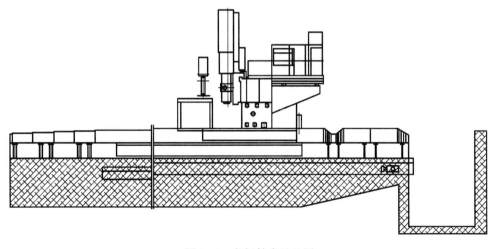

图 1-35 龙门铣床地基图

有的机床厂家已开始采用钢结构整体一次浇筑技术,从而保证地基的整体高刚度。

1.5.3　重型机床的加工对象

重型机床服务于能源、交通、航空、航天、船舶、重机制造、工程机械以及军事工业等多个行业。

面向船舶、军工等行业的数控机床有:七轴五联动重型立式车铣复合数控机床,五轴联动数控龙门镗铣床,重型曲轴车铣复合加工中心等。图 1-36 所示为船用重型曲轴,图 1-37 所示为船舶柴油机机体加工,图 1-38 所示为螺旋桨,图 1-39 所示为我国首艘航母超重型异形舵轴,图 1-40 所示为大型船舶传动轴、超重型支承辊加工。

图 1-36　船用重型曲轴

图 1-37　船舶柴油机机体加工

图 1-38　螺旋桨

图 1-39　我国首艘航母超重型异形舵轴

图 1-40　大型船舶传动轴、超重型支承辊加工

面向核电行业的数控机床有:用于加工核反应堆零件的专用数控机床。图 1-41 所示为蒸汽发生器水室封头加工,图 1-42 所示为核电蒸发器支承板孔系加工,图 1-43 所示为核电堆内构件吊篮、压力壳加工,图 1-44 所示为我国第一根自主制造的超临界核电半速转子。

面向发电、工程机械行业的数控机床有:数控滚齿机、重型精密卧式加工中心等。图 1-45 所示为重型电动机壳体加工,图 1-46 所示为大型减速箱箱体加工,图 1-47 所示为三峡水轮机转子加工。

图 1-41　封头加工

图 1-42　支承板孔系加工

图 1-43　吊篮、压力壳加工

图 1-44　超临界核电半速转子

图 1-45　重型电动机壳体加工　　　　图 1-46　大型减速箱箱体加工

图 1-47　三峡水轮机转子加工

　　面向航空、航天行业的数控机床有:数控高速龙门移动镗铣加工中心等。图 1-48 所示为钛合金飞机发动机机匣,图 1-49 所示为飞机叶片,图 1-50 所示为飞机起落架加工机床。

图 1-48　钛合金飞机发动机机匣　　　　图 1-49　飞机叶片

　　面向交通运输行业的数控机床有:重型数控不落轮对车床等。图 1-51 所示为不落轮对车床加工火车车轮,图 1-52 所示为火车轨道道岔加工。

图 1-50　飞机起落架加工机床

图 1-51　不落轮对车床加工火车车轮

图 1-52　火车轨道道岔加工

1.5.4　重型机床的加工工艺特点

（1）一机复合粗、精加工　粗加工时进刀量可为若干毫米。

（2）一机复合多种功能　如同时具备车、镗、铣、钻等功能。

1.5.5　重型机床的发展趋势

数控机床的发展日新月异,高可靠性、高速化、高精度化、复合化、智能化、开放化、并联驱动化、网络化、极端化、绿色化已成为数控机床发展的趋势和方向。

1.高可靠性

为了保证数控机床有高的可靠性,就要精心设计系统、严格制造和明确可靠性目标,以及通过维修的过程,分析故障发生的模式并找出薄弱环节。国外数控系统平均无故障时间在 $7\times10^4\sim10\times10^4$ h 以上,国产数控系统平均无故障时间仅为 10^4 h 左右,国外整机平均无故障工作时间达 800 h 以上,而国内最高只有 300 h。

2.高速化

（1）主轴转速　机床采用电主轴(内装式主轴电动机),主轴最高转速达 200000 r/min。

（2）进给速度　在分辨率为 0.01 μm 时,最大进给速度达到 240 m/min 且可获得复杂型面的精确加工。

（3）运算速度　微处理器的迅速发展为数控系统向高速、高精度方向发展提供了保障,开发出 CPU 为 32 位以及 64 位的数控装置,频率提高到几百兆赫、上千兆赫。由于 CPU 运算速度的极大提高,使得当分辨率为 0.1 μm、0.01 μm 时仍能获得高达 24～240 m/min 的进给速度。

(4) 换刀速度　　目前国外先进加工中心的刀具交换时间普遍已在 1 s 左右,高的已达 0.5 s。德国 Chiron 公司将刀库设计成篮子样式,以主轴为轴心,刀具在圆周布置,其刀到刀的换刀时间仅为 0.9 s。

使用直线电动机(磁悬浮技术)是提高速度和精度的一个重要途径,但目前我国还没有真正意义上的磁悬浮技术加工机床。

3. 驱动并联化

并联运动机床克服了传统机床串联机构移动部件质量大、系统刚度低、刀具只能沿固定导轨进给、作业自由度偏低、设备加工灵活性和机动性不够等固有缺陷。在机床主轴(一般为动平台)与机座(一般为静平台)之间采用多杆并联连接机构驱动,通过控制杆系中杆的长度使杆系支承的平台获得相应自由度的运动,可实现多坐标联动数控加工、装配和测量多种功能,更能满足复杂特种零件的加工,具有现代机器人的模块化程度高、质量小和速度快等优点。

4. 高精度化

(1) 提高 CNC 系统控制精度　　采用高速插补技术,以微小程序段实现连续进给,使 CNC 控制单位精细化,并采用高分辨率位置检测装置,提高位置检测精度(日本已开发装有 10^6 脉冲/转的内藏位置检测器的交流伺服电动机,其位置检测精度可达到 0.01 μm/脉冲),位置伺服系统采用前馈控制与非线性控制等方法。

(2) 采用误差补偿技术　　采用反向间隙补偿、丝杠螺距误差补偿和刀具误差补偿等技术,对设备的热变形误差和空间误差进行综合补偿。研究结果表明,综合误差补偿技术的应用可将加工误差减少 60%～80%。

(3) 采用网格解码器检查和提高加工中心的运动轨迹精度,并通过仿真预测机床的加工精度,以保证机床的定位精度和重复定位精度,使其性能长期稳定,能够在不同运行条件下完成多种加工任务,并保证零件的加工质量。

5. 功能复合化(工序集中)

复合机床的含义是指在一台机床上实现或尽可能完成从毛坯至成品的多种要素加工。根据其结构特点可分为工艺复合型和工序复合型两类。工艺复合型机床如镗铣钻复合——加工中心,车铣复合——车削中心,铣镗钻车复合——复合加工中心等;工序复合型机床如多面多轴联动加工的复合机床和双主轴车削中心等。加工中心的功能复合化适应了时代的发展潮流。

加工中心机床使工序集中在一台机床上完成,减少了由于工序分散、工件多次装夹引起的定位误差,提高了加工精度,同时也减少了机床的台数与占地面积,压缩了工序间的辅助时间,有效地提高了数控机床的生产效率和数控加工的经济效益,相对于传统的工序分散的生产方法具有明显的优势。

日本森精机制作的"NH5000 系列"五轴联动加工中心,实现了全自动无人操作,能够适应长时间、多品种和批量生产,工件一次性装夹调整后,能够全自动完成从车削到铣削、淬火和磨削等一系列工序。

6. 信息交互网络化

对于面临激烈竞争的企业来说,使数控机床具有双向、高速的联网通信功能,以保证信息流在车间各个部门间畅通无阻是非常重要的。它既可以实现网络资源共享,又能实现数控机床的远程监视、控制、培训、教学、管理,还可实现数控装备的数字化服务(数控机床故障的远程诊断、维护等)。例如,日本 Mazak 公司推出新一代的加工中心配备了一个称为信息塔

(e-tower)的外部设备,包括计算机、手机、机外和机内摄像头等,能够实现语音、图形、视像和文本的通信故障报警显示,在线帮助排除故障等功能,是独立的、自主管理的制造单元。

7. 多媒体技术的应用

多媒体技术集计算机、声像和通信技术于一体,使计算机具有综合处理声音、文字、图像和视频信息的能力,因此也对用户界面提出了图形化的要求。合理的人性化用户界面极大地方便了非专业用户的使用,人们可以通过窗口和菜单进行操作,便于蓝图编程和快速编程、三维彩色立体动态图形显示、图形模拟、图形动态跟踪和仿真、不同方向的视图和局部显示比例缩放功能的实现。除此以外,在数控技术领域应用多媒体技术可以做到信息处理综合化、智能化,应用于实时监控系统和生产现场设备的故障诊断、生产过程参数监测等,因此有着重大的应用价值。

8. 智能化

智能化是 21 世纪制造技术发展的一个大方向。智能加工是一种基于神经网络控制、模糊控制、数字化网络技术和理论的加工,在加工过程中模拟人类专家的智能活动,以解决加工过程中许多不确定性的、要由人工干预才能解决的问题。智能化的内容包括在数控系统中的各个方面:

① 加工过程自适应控制技术;

② 加工参数的智能优化与选择;

③ 智能故障自诊断与自修复技术;

④ 智能故障回放和故障仿真技术;

⑤ 智能化交流伺服驱动装置;

⑥ 智能 4M 数控系统。

9. 体系开放化

(1) 向未来技术开放　由于软、硬件接口都遵循公认的标准协议,只需少量的重新设计和调整,新一代的通用软、硬件资源就可能被现有系统所采纳、吸收和兼容,这就意味着系统的开发费用将大大降低,而系统性能与可靠性将不断改善,并处于长生命周期。

(2) 向用户特殊要求开放　更新产品、扩充功能,提供软、硬件产品的各种组合,以满足特殊应用要求。

(3) 数控标准的建立　国际上正在研究和制定一种新的 CNC 系统标准 ISO 14649 (STEP-NC),以提供一种不依赖于具体系统的中性机制,能够描述产品整个生命周期内的统一数据模型,从而实现整个制造过程乃至各个工业领域产品信息的标准化。

10. 加工过程绿色化

随着日趋严格的环境与资源约束,制造加工的绿色化越来越重要,而中国的资源、环境问题尤为突出。因此,近年来不用或少用冷却液、实现干切削或半干切削节能环保的机床不断出现,并在不断发展当中。干切削一般是在大气氛围中进行,但也包括在特殊气体氛围中(氮气中、冷风中或采用干式静电冷却技术)不使用切削液进行的切削。不过,对于某些加工方式和工件组合,完全不使用切削液的干切削目前尚难应用于实际,故又出现了使用极微量润滑(MQL)的准干切削。目前在欧洲的大批量机械加工中,已有 10% ~ 15% 的加工使用了干切削和准干切削。准干切削通常是让极微量的切削液与压缩空气的混合物,经机床主轴与工具内的中空通道喷向切削区。如滚齿机是采用干切削最多的金属切削机床。

在 21 世纪,绿色制造的大趋势将使各种节能环保机床加速发展,占领更多的世界市场。

11.新型功能部件

（1）高频电主轴　高频电主轴是高频电动机与主轴部件的集成，具有体积小、转速高、可无级调速等一系列优点，在各种新型数控机床中已经获得广泛的应用。

（2）直线电动机　近年来，直线电动机的应用日益广泛，虽然其价格高于传统的伺服系统，但由于负载变化扰动、热变形补偿、隔磁和防护等关键技术的应用，机械传动结构得到简化，机床的动态性能有了提高。

（3）电滚珠丝杠　电滚珠丝杠是伺服电动机与滚珠丝杠的集成，可以大大简化数控机床的结构，具有传动环节少、结构紧凑等一系列优点。

12.极端化（大型化和微型化）

国防、航空、航天事业的发展和能源等基础产业装备的大型化需要大型且性能良好的数控机床的支撑。而超精密加工技术和微纳米技术是 21 世纪的战略技术，需发展能适应微小型尺寸和微纳米加工精度的新型制造工艺和装备，所以微型机床包括微切削加工（如车、铣、磨等）机床、微电加工机床、微激光加工机床和微型压力机等的需求量正在逐渐增大。

习　题

1-1　什么是数控技术？什么是数控机床？

1-2　简述数控机床的工作原理及组成。

1-3　数控机床有哪些分类？

1-4　试述按照伺服驱动系统的控制方式分类时各种类型的区别与特点。

1-5　数控机床与普通机床相比，有哪些优点？

1-6　数控机床的发展趋势是什么？

第2章 数控编程

本章要点

　　本章主要介绍数控机床编程的代码、编程格式、编程方法以及程序编制中的数学处理，针对车、铣、钻等机械加工进行手工编程举例。

2.1　数控加工程序编制概述

　　根据零件的图形尺寸、工艺过程、工艺参数、机床的运动以及刀具位移等内容，按照数控机床的编程格式和能识别的语言记录在程序单上，再按规定把程序单制备成控制介质，变成数控装置能读取的信息，并通过输入设备送入数控装置。即将加工的工艺分析、加工顺序、零件轮廓（轨迹）尺寸、工艺参数（如 F、S、T 等）及辅助动作（如变速、换刀、冷却液启停、工件夹紧松开等）等信息，用规定的文字、数字、符号组成的代码按一定的格式编写加工程序单，并将程序单的信息变成控制介质的整个过程就是数控加工程序编制，简称数控编程。

2.1.1　数控程序编制的步骤

　　数控编程是指从零件图样到获得数控加工程序的全部工作过程。其步骤如图 2-1 所示，编程工作主要包括如下内容。

　　1. 分析零件图样和制订工艺方案

　　这项工作无论手动加工还是数控加工都是首先要进行的，其内容包括：对零件图样进行分析，明确加工的内容和要求；确定加工方案；选择适合的数控机床；选择或设计刀具和夹具；确定合理的走刀路线及选择合理的切削用量等。这一工作要求编程人员能够对零件图样的技术特性、几何形状、尺寸及工艺要求进行分析，并结合数

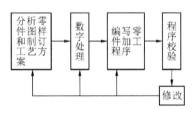

图 2-1　数控程序编制的步骤

控机床使用的基础知识，如数控机床的规格、性能、数控系统的功能等，确定加工方法和加工路线。

　　2. 数学处理

　　在确定了工艺方案后，就需要根据零件的几何尺寸、加工路线等，计算刀具中心运动轨迹，以获得刀位数据。数控系统一般均具有直线插补与圆弧插补功能，对于加工由圆弧和直线组成的较简单的平面零件，只需要计算出零件轮廓上相邻几何元素交点或切点的坐标值，得出各几何元素的起点、终点、圆弧的圆心坐标值等，就能满足编程要求。当零件的几何形状与控制系统的插补功能不一致时，就需要进行较复杂的数值计算，一般需要使用计算机辅助计算，否则难以完成。

3.编写零件加工程序

在完成上述工艺处理及数值计算工作后,即可编写零件加工程序。程序编制人员使用数控装置的程序指令,按照规定的程序格式,逐段编写加工程序。程序编制人员应对数控装置的功能、程序指令及代码十分熟悉,才能编写出正确的加工程序。

4.程序检验

将编写好的加工程序输入数控装置,就可控制数控机床的加工。一般在正式加工之前,要对程序进行检验。通常可采用机床空运转的方式,来检查机床动作和运动轨迹的正确性,以检验程序。在具有图形模拟显示功能的数控机床上,可通过显示走刀轨迹或模拟刀具对工件的切削过程,对程序进行检查。对于形状复杂和要求高的零件,也可采用铝件、塑料或石蜡等易切材料进行试切来检验程序。通过检查试件,不仅可确认程序是否正确,还可知道加工精度是否符合要求。若能采用与被加工零件材料相同的材料进行试切,则更能反映实际加工效果,当发现加工的零件不符合加工技术要求时,可修改程序或采取尺寸补偿等措施。

2.1.2　数控程序编制的方法

数控加工程序的编制方法主要有两种:手工编制程序和自动编制程序。

1.手工编程

手工编程是指主要由人工来完成数控编程中各个阶段的工作。对编程人员的要求高(如应熟悉数控代码功能、编程规则,具备机械加工工艺知识和数值计算能力等)。

(1)适用范围　① 几何形状不太复杂的零件;② 三坐标联动以下加工程序。

(2)手工编程的特点　耗费时间较长,容易出现错误,无法胜任复杂形状零件的编程。据国外资料统计,当采用手工编程时,一段程序的编写时间与其在机床上运行加工的实际时间之比,平均约为 30:1,而数控机床不能启动的原因中就有 20%~30% 是由于加工程序编制困难,编程时间较长。

2.自动编程

自动编程是指在编程过程中,除了分析零件图样和制定工艺方案由人工进行外,其余工作均由计算机辅助完成。

(1)适用范围　① 形状复杂的零件;② 虽不复杂但编程工作量很大的零件(如有数千个孔的零件);③ 虽不复杂但计算工作量大的零件(如非圆曲线轮廓的计算)。

(2)自动编程的特点　采用计算机自动编程时,数学处理、编写程序、检验程序等工作是由计算机自动完成的,由于计算机可自动绘制出刀具中心运动轨迹,使编程人员可及时检查程序是否正确,必要时可及时修改,以获得正确的程序。又由于计算机自动编程代替程序编制人员完成了烦琐的数值计算,可提高编程效率几十倍乃至上百倍,因此解决了手工编程无法解决的许多复杂零件的编程难题。因而,自动编程的特点就在于编程工作效率高,可解决复杂形状零件的编程难题。

根据输入方式的不同,可将自动编程分为图形数控自动编程、语言数控自动编程和语音数控自动编程等。图形数控自动编程是指将零件的图形信息直接输入计算机,通过自动编程软件的处理,得到数控加工程序。目前,图形数控自动编程是使用最为广泛的自动编程方式。语言数控自动编程指将加工零件的几何尺寸、工艺要求、切削参数及辅助信息等用数控语言编写成源程序后,输入计算机中,再由计算机进一步处理得到零件加工程序。语音数控自动编程是采用语音识别器,将编程人员发出的加工指令声音转变为加工程序。

2.1.3　数控加工的工艺分析

在数控编程之前,编程人员应了解所用数控机床的规格、性能、数控装置所具备的功能及编程指令格式等。根据零件形状尺寸及其技术要求,分析零件的加工工艺,选定合适的机床、刀具与夹具,确定合理的零件加工工艺路线、工步顺序及切削用量等工艺参数。

1. 分析工件图样

需要分析工件的材料、形状、尺寸、精度、表面粗糙度、毛坯形状和精度、热处理情况等,以便制订最佳加工方案来保证达到工件图样的要求。

2. 确定工件的装夹方法和选择夹具

(1) 数控机床加工时,应合理选择定位基准和夹紧方式,以减少误差环节。所选择的定位方式应具有较高的定位精度,避免过定位造成干涉现象。

(2) 力求设计基准、工艺基准和程序原点统一。

(3) 尽量减少装夹次数,尽可能做到一次装夹后能完成全部加工。

(4) 尽量选用组合夹具、通用夹具,非大批大量生产避免采用专用夹具;避免人工占机调整。

3. 确定工件坐标系

工件坐标系是编程的基准。工件坐标系应力求和设计基准、工艺基准相一致,使数值计算更简单。为了加工的安全和便于对刀,一般 Z 向以工件上表面为坐标原点,XY 平面多以工件的边、对称中心、已加工孔的中心作为工件坐标原点。

4. 选择刀具和确定切削用量

数控机床的刀具选择应考虑工件材质、加工轮廓类型、机床允许的切削用量,以及刚度和耐用度等因素。编程时,要规定刀具的结构尺寸和调整尺寸。对自动换刀的数控机床,在刀具装到机床之前,要在机外预调装置中,根据编程确定的参数,将刀具调整到规定的尺寸或测出精确的尺寸。在加工前,将刀具有关尺寸参数输入数控装置中。

一般数控机床的主轴转速比普通机床高,并可连续自动加工。因此,数控机床对刀具的选择比较严格。所选刀具应满足安装调整方便、刚度高、精度高、使用寿命长等要求。并尽量选用通用刀具以降低成本,对于曲面可采用球头铣刀,为提高表面质量和提高效率,有时也选用专用刀具。

切削用量(包括主轴转速、进给速度、切削深度等)的确定应根据机床的性能、刀具材料、工件材料由相关规范及实践经验来确定。

主轴转速根据允许的切削速度来确定,即

$$n = \frac{1000v}{\pi D} \tag{2-1}$$

式中　v——切削速度(m/min);

　　　D——工件或刀具直径(mm);

　　　n——主轴转速(r/min)。

进给速度主要受工件的加工精度、表面粗糙度和刀具、工件材料的影响,最大进给速度还受到机床刚度和进给系统性能的制约。在加工精度、表面粗糙度要求高时,进给速度应取小一些,一般在 20～50 mm/min 范围内选取。

切削深度的确定主要受机床、夹具、刀具、工件组成的工艺系统刚度的影响。在系统刚度允许的情况下,尽量选择切削深度等于加工余量,以减少加工次数、提高加工效率。对加工精度和表面粗糙度要求较高的工件,应留出精加工余量。

5. 确定加工工序和加工路线

加工路线是指数控机床在加工过程中,刀具相对于工件的运动轨迹。刀具从何处切入工件,又从何处退刀等加工线必须在编程前确定。在确定加工中心机床的加工路线时,要避免刀具在轮廓的法线方向切入、切出,也要避免刀具在轮廓的表面上垂直下刀和退刀而留下刀痕或划伤工件。

铣削外轮廓时,所用刀具应从轮廓的延长线上切入、切出,或从轮廓的切向切入、切出。在铣削内轮廓时,应从轮廓的切向切入、切出,如图 2-2 所示。

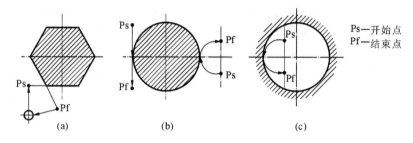

图 2-2 轮廓的切入、切出方向

(a) 轮廓延长线上;(b) 外轮廓切向;(c) 内轮廓切向

对孔进行加工时,如孔的位置精度要求较高,加工路线的定位方向应保持一致。如图 2-3 所示,若按加工路线最短,加工路线的顺序为 1—2—3—4。若按定位方向一致,加工路线的顺序则为 1—2—4—3。

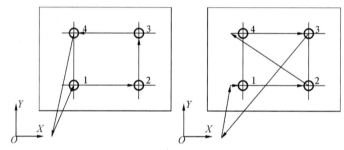

图 2-3 单限定位的加工路线

6. 换刀点位置的确定

对于加工中心机床,其换刀点的 Z 向位置是固定的。某些机床对 X、Y 的位置都没有要求。在自动换刀时,要考虑换刀时的交换空间,不应使刀具与工件或夹具相撞。为防止打刀等意外情况发生,应使工件或工件的精密加工部位远离刀具的交换空间,以防换刀过程中损伤工件。

2.1.4 数控机床的坐标系

数控机床加工是建立在数值计算——工件轮廓点坐标计算的基础上的。正确掌握数控机床坐标轴的定义、运动方向的规定,以及根据不同坐标原点建立不同坐标系的方法,是正确计算的关键,并会给程序编制和使用维修带来方便。否则,程序编制容易发生混乱,操作中也容易引发事故。

1. 坐标系的确定原则

1) 工件相对静止、刀具运动的原则

编程人员在不知道是刀具还是工件移动的情况下,能够根据零件图确定机床的加工过程。

2）运动方向的规定

数控机床的某一部件运动的正方向，是增大工件和刀具之间距离的方向。

3）标准坐标系的规定

标准机床坐标系中 X、Y、Z 坐标轴的相互关系用右手笛卡儿直角坐标系决定。

（1）伸出右手的大拇指、食指和中指，并互为 90°。则大拇指代表 X 坐标，食指代表 Y 坐标，中指代表 Z 坐标。

（2）大拇指的指向为 X 坐标的正方向，食指的指向为 Y 坐标的正方向，中指的指向为 Z 坐标的正方向。

（3）围绕 X、Y、Z 坐标旋转的旋转坐标分别用 A、B、C 表示，根据右手螺旋定则，大拇指的指向为 X、Y、Z 坐标中任意轴的正向，则其余四指的旋转方向即为旋转坐标 A、B、C 的正向，如图 2-4 所示。

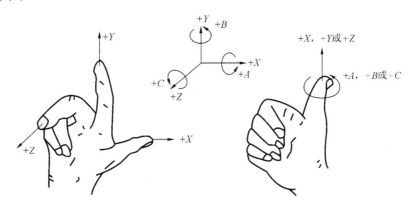

图 2-4 直角坐标系

4）运动方向的规定

增大刀具与工件距离的方向即为各坐标轴的正方向，图 2-5 所示为数控车床上两个运动的正方向。

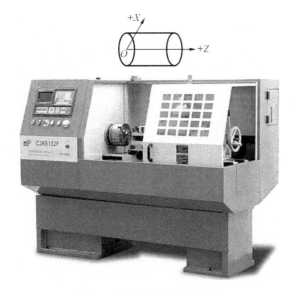

图 2-5 数控车床上运动方向

2. 坐标轴的确定

在确定机床坐标轴时,一般先确定 Z 轴,再依次确定 X 轴和 Y 轴。

1) Z 轴

规定平行于机床主轴轴线的坐标轴为 Z 轴,并取刀具远离工件的方向为其正方向。

如图 2-6、图 2-7 所示,在车床和铣床上加工零件,主轴方向为 Z 轴方向,其进给切削方向为 Z 轴的负方向,而退刀方向为 Z 轴的正方向。

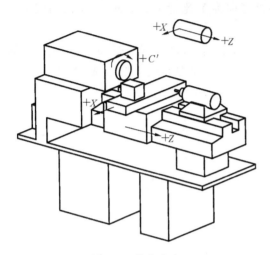

图 2-6　数控车床

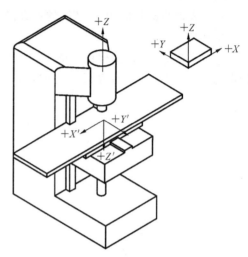

图 2-7　立式升降台数控铣床

对于没有主轴的机床,如牛头刨床,则取垂直于装夹工件的工作台的方向为 Z 轴方向。如果机床有几个主轴,则选择其中一个与装夹工件的工作台垂直的主轴为主要主轴,并以它的方向作为 Z 轴方向,如龙门铣床。

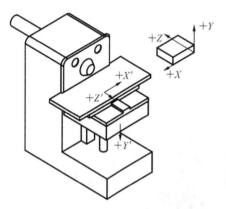

图 2-8　卧式铣床

2) X 轴

X 轴位于与工件装夹平面相平行的水平面内,且垂直于 Z 轴。

对于工件旋转的机床,如图 2-6 所示的车床,X 轴的运动方向是径向的,且平行于横向滑座,以刀具离开工件旋转中心的方向为 X 轴的正方向。

若主轴是竖直的,当从主轴向立柱看时,X 轴的正方向指向右方,如图 2-7 所示立式铣床的主轴就是竖直的。

对于刀具旋转的机床,若主轴是水平的,当从主轴向工件看时,X 轴的正方向指向右方,如图 2-8 所示卧式铣床;当面对机床看时,立式铣床与卧式铣床的 X 轴正方向相反。

对于无主轴的机床则主要切削方向为 X 轴正方向。

3) Y 轴

Y 轴及其正方向的判定,可根据已确定的 Z、X 轴及其正方向,用右手定则来确定。

4) 附加坐标

若机床除有 X、Y、Z 的主要直线运动坐标外,还有平行于它们的坐标运动,可分别建立相应的第二辅助坐标系 U、V、W 坐标及第三辅助坐标系 A、B、C 坐标如图 2-9。

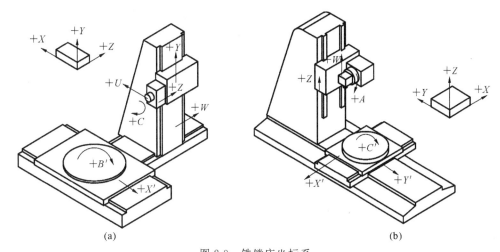

图 2-9 铣镗床坐标系

(a) 数控卧式铣镗床；(b) 五坐标摆动铣头式数控铣床

3. 机床坐标系

标准机床坐标系中 X、Y、Z 坐标轴的相互关系用右手笛卡儿直角坐标系决定。在数控机床上，机床的动作是由数控装置来控制的，为了确定数控机床上的成形运动和辅助运动，必须先确定机床上运动的位移和运动的方向，这就需要通过坐标系来实现，这个坐标系被称为机床坐标系。数控机床的坐标系包括机床坐标系和工件坐标系。

1）机床坐标系

机床坐标系是机床上固有的坐标系，是机床制造和调整的基准，也是工件坐标系设定的基准。数控机床出厂时，生产厂家是通过预先在机床上设定固定点来建立机床坐标系的，这个点就称为机床原点或机床零点。

在数控车床上，机床原点一般取卡盘端面与主轴轴线的交点。在数控铣床上，一般取在 X、Y、Z 三个直线坐标轴正方向的极限位置上。

2）机床原点与参考点

机床原点是指在机床上设置的一个固定点，即机床坐标系的原点。它在机床装配、调试时就已确定下来，是数控机床进行加工运动的基准参考点。机床参考点是数控机床上的又一个重要固定点，与机床原点之间的位置用机械行程挡铁或限位开关精确设定。大多数机床将刀具沿其坐标轴正向运动的极限点作为参考点，参考点位置在机床出厂时已调整好，一般不做变动。必要时可通过设定参数或改变机床上各挡铁的位置来调整。

数控装置通电后，不论刀具在什么位置，此时显示器上显示的 X、Y、Z 坐标值均为零，这并不表示是刀架中心在机床坐标系中的坐标值，只能说明机床坐标系尚未建立。当执行返回参考点的操作后，显示器方显示出刀架中心在机床坐标系中的坐标值，这才表示在数控装置内部建立起了真正的机床坐标系，这个操作也称回零操作。因此，加工前必须进行手动回零操作，以建立机床坐标系。

机床一旦断电，数控装置就失去了对参考点的记忆。通常在以下三种情况下必须进行回零操作：

（1）机床首次开机，或关机后重新接通电源时；

（2）解除机床超程报警信号后；

（3）解除机床急停状态后。

机床参考点是用于对机床运动进行检测和控制的固定位置点。

机床参考点的位置是由机床制造厂家在每个进给轴上用限位开关精确调整好的,坐标值已输入数控装置中。因此参考点对机床原点的坐标是一个已知数。通常数控铣床的机床原点和机床参考点是重合的;而数控车床的机床参考点是离机床原点最远的极限点。图 2-10 所示为数控车床的参考点与机床原点。

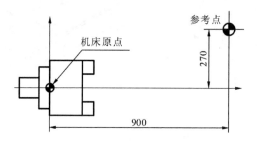

图 2-10　数控车床的参考点与机床原点

数控机床开机时,必须先确定机床原点,而确定机床原点的运动就是刀架返回参考点的操作,这样通过确认参考点,就确定了机床原点。只有机床参考点被确认后,刀具(或工作台)移动才有基准。

4. 工件坐标系

工件坐标系是编程时使用的坐标系,因此又称编程坐标系。工件坐标系坐标轴的意义必须与机床坐标轴相同。

工件坐标系的原点,也称工件零点或编程零点,其位置由编程者自行确定。工件原点的确定原则是简化编程计算,故应尽量将工件原点设在零件图的尺寸基准或工艺基准处。

数控车床的工件原点一般选在主轴中心线与工件右端面或左端面的交点处,如图 2-11 所示。数控铣床 X、Y 轴方向的工件原点可设在工件外轮廓的某一个角上,或设在工件的对称中心上;Z 轴方向的零点,一般设在工件表面上。

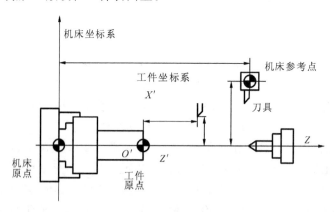

图 2-11　数控车床坐标系

5. 对刀点、换刀点的确定

利用编好的程序操作数控机床加工零件,主要的步骤之一就是对刀。

1) 对刀

工件进行加工前,必须通过对刀来建立机床坐标系和工件坐标系的位置关系。所谓对刀,是指将刀具移向对刀点,并使刀具的刀位点和对刀点重合的操作。

车刀、镗刀的刀位点是指刀尖或刀尖圆弧中心,立铣刀的刀位点是指刀具底面的中心,球头铣刀的刀位点是球心,钻头的刀位点是钻尖。

对刀精度的高低直接影响工件的加工精度。目前,数控机床可以采用人工对刀,但对操作者的技术要求较高;也可采用高精度的专用对刀仪进行对刀,以保证对刀精度。

2) 对刀点的确定

对刀点不仅是加工程序的起点,而且往往也是加工程序的终点。对刀点选择的正确与否,将直接影响最终的加工精度。选择对刀点应遵循以下原则:

① 在机床上容易找正;

② 加工过程中便于检查;

③ 引起的加工误差要小;

④ 为了提高零件的加工精度,对刀点应尽量选在零件的设计基准或工艺基准上,如以孔定位的零件,应将孔的中心作为对刀点;

⑤ 应便于坐标值的计算,对于建立了绝对坐标系统的数控机床,对刀点最好选择在坐标系的原点上,或选在已知坐标值的点上;

⑥ 尽量使加工程序中刀具引入路线短并便于换刀;

⑦ 必要时,对刀点可设定在工件的某一要素或其延长线上,或设定在与工件定位基准有一定坐标关系的夹具某位置上。

通常,在绝对坐标系统的数控机床上可由对刀点距机床原点 O' 的坐标来校核,如图 2-11 所示。在相对坐标系统的机床上,则需要人工检查对刀点的重复精度,以便于零件的批量生产。

对刀点找正的准确度直接影响着加工精度。目前工厂中常用的找正方法是将千分表装在机床主轴上,而后转动机床主轴,以使刀位点与对刀点一致。一致性好即对刀精度高。以往用千分表进行找正,效率较低,所以有些工厂已采用光学或电子装置等新的找正方法,以减少找正时间,提高找正精度。

3) 换刀点的确定

需要在加工过程中进行自动换刀的加工中心、数控车床等多刀加工的机床,编程时还要设置换刀点。为防止换刀时碰伤工件或夹具,换刀点常常设置在被加工零件的外面,并要有一定的安全量。一般在编程中,换刀点就选在起刀点(刀具运动的起始点)上。

在数控编程时,为了描述机床的运动,简化程序编制的方法及保证记录数据的互换性,数控机床的坐标系和运动方向均已标准化,ISO 标准和我国标准都拟定了命名的规则。通过这一部分的学习,能够掌握机床坐标系、编程坐标系、加工坐标系的概念,具备实际动手设置机床加工坐标系的能力。

2.1.5 编程坐标系

编程坐标系是编程人员根据零件图样及加工工艺等建立的坐标系。

编程坐标系一般供编程使用,确定编程坐标系时不必考虑工件毛坯在机床上的实际装夹位置。如图 2-12 所示,其中 O_2 即为编程坐标系原点。

编程原点是根据加工零件图样及加工工艺要求选定的编程坐标系的原点。

编程原点应尽量选择在零件的设计基准或工艺基准上,编程坐标系中各轴的方向应该与所使用的数控机床相应的坐标轴方向一致,图 2-13 所示为车削零件的编程原点。

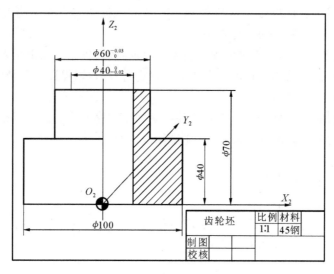

图 2-12　编程坐标系

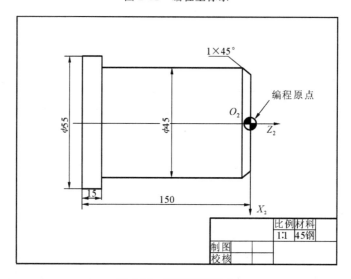

图 2-13　确定编程原点

2.1.6　加工坐标系

1.加工坐标系的确定

加工坐标系是指以确定的加工原点为基准所建立的坐标系。

加工原点也称程序原点,是指零件被装夹好后,相应的编程原点在机床坐标系中的位置。

在加工过程中,数控机床是按照工件装夹好后所确定的加工原点位置和程序要求进行加工的。编程人员在编制程序时,只要根据零件图样就可以选定编程原点、建立编程坐标系、计算坐标数值,而不必考虑工件毛坯装夹的实际位置。对于加工人员来说,则应在装夹工件、调试程序时,将编程原点转换为加工原点,并确定加工原点的位置,在数控系统中给予设定(即给出原点设定值),设定加工坐标系后就可根据刀具当前位置,确定刀具起始点的坐标值。在加工时,工件各尺寸的坐标值都是相对于加工原点而言的,这样数控机床才能按照准确的加工坐标系位置开始加工。图 2-13 中的 O_2 为加工原点。

2.加工坐标系的设定

方法一:在机床坐标系中直接设定加工原点。

以图 2-12 为例,在配置 FANUC-0M 系统的立式数控铣床上设置加工原点 O_2。

1) 加工坐标系的选择

编程原点设置在工件轴心线与工件底端面的交点上。

设工作台工作面尺寸为 800 mm×320 mm,若工件装夹在接近工作台中间处,则确定了加工坐标系的位置,其加工原点 O_2 就在距机床原点 O_1 为 X_3、Y_3、Z_3 处。并且 $X_3 = -345.700$ mm,$Y_3 = -196.220$ mm,$Z_3 = -53.165$ mm。

2) 设定加工坐标系指令

(1) G54～G59 为设定加工坐标系指令　G54 对应 1 号工件坐标系,其余以此类推。可在 MDI 方式的参数设置页面中,设定加工坐标系。如对已选定的加工原点 O_2,将其坐标值取为 $X_3 = -345.700$ mm,$Y_3 = -196.220$ mm,$Z_3 = -53.165$ mm。

设在 G54 中,则表明在数控系统中设定了 1 号工件加工坐标。设置页面如图 2-14 所示。

```
WORK   COORDINATES              0023  N0010
NO.    (SHFIT)              NO.       (G55)
00                          02
       X    0.000           X      -342.892
       Y    0.000           Y      -195.670
       Z    0.000           Z      -68.350

NO.    (G54)                NO.  (G56)
01                          03
       X   -345.700         X       0.000
       Y   -196.220         Y       0.000
       Z    -53.165         Z       0.000

ADRS
08:58:48
                            HNDL
[WEAR]   [MACRO]   [MENU]   [WORK]   [TOOL LF]
```

图 2-14　加工坐标系设置

(2) G54～G59 在加工程序中出现时,即选择了相应的加工坐标系。

方法二:通过刀具起始点来设定加工坐标系。

1) 加工坐标系的选择

加工坐标系的原点可设定在相对于刀具起始点的某一符合加工要求的空间点上。应注意的是,当机床开机回参考点之后,无论刀具运动到哪一点,数控系统对其位置都是已知的。也就是说,刀具起始点是一个已知点。

2) 设定加工坐标系指令

G92 为设定加工坐标系指令。在程序中出现 G92 程序段时,即通过刀具当前所在位置即刀具起始点来设定加工坐标系。

G92 指令的编程格式:G92 X a Y b Z c

该程序段运行后,就根据刀具起始点设定了加工原点,如图 2-15 所示。

从图 2-15 中可看出,用 G92 设置加工坐标系,也可视为:在加工坐标系中,确定刀具起始点的坐标值,并将该坐标值写入 G92 编程格式中。

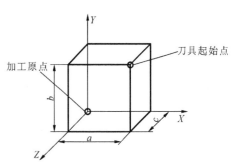

图 2-15　设定加工坐标系

【例 2-1】　在图 2-16 中,当 $a=50$ mm,$b=50$ mm,$c=10$ mm 时,试用 G92 指令设定加工坐标系。设定程序为 G92 X50 Y50 Z10。

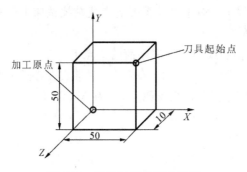

图 2-16　设定加工坐标系应用

2.2　程序编制的代码及格式

既然是程序,就要遵循一定的编程规则,数控程序编制的规则由所采用的数控装置来决定,数控加工程序是由各种功能字按照规定的格式组成的。

2.2.1　程序的结构与格式

每种数控系统,根据系统本身的特点及编程的需要,都有一定的程序格式,对于不同的机床,其程序格式也不尽相同。因此,编程人员必须严格按照机床说明书的规定格式进行编程。

1. 程序结构

一个完整的程序由程序号、程序的内容和程序结束三部分组成。例如:

O0001	程序号
N10 G92 X40 Y30;	程序内容
N20 G90 G00 X28 T01 S800 M03;	
N30 G01X −8 Y8 S200;	
N40 X0 Y0;	
N50 X28 Y30;	
N60 G00 X40;	
N70 M02;	程序结束

1) 程序号

在程序的开头要有程序号,以便进行程序检索。程序号就是给零件加工程序一个编号,并说明该零件加工程序开始。如 FANUC 数控装置,一般采用英文字母 O 及其后 4 位十进制数表示("O××××"),4 位数中若前面为 0,则可以省略,如"O0101"等效于"O101"。而其他系统有时也采用符号"%"或"P"及其后 4 位十进制数表示程序号。

2) 程序内容

程序内容部分是整个程序的核心,它由许多程序段组成,每个程序段由一个或多个指令构成,它表示数控机床要完成的全部动作。

3) 程序结束

程序结束是以程序结束指令 M02、M30 或 M99(子程序结束),作为程序结束的符号,用来结束零件加工。

2.程序段格式

零件的加工程序是由许多程序段组成的,每个程序段由程序段号、若干个数据字和程序段结束字符组成,每个数据字是控制系统的具体指令,它是由地址符、特殊文字和数字集合而成,它代表机床的一个位置或一个动作。

程序段格式是指一个程序段中字、字符和数据的书写规则。目前国内外广泛采用字地址可变程序段格式。

所谓字地址可变程序段格式,就是在一个程序段内数据字的数目以及数据字的长度(位数)都是可以变化的格式。不需要的数据字以及与上一程序段相同的续效字可以不写。

程序段内各数据字的说明如下。

(1)程序段序号(简称顺序号)　用以识别程序段的编号。用地址码 N 和后面的若干位数字来表示。如 N20 表示该语句的语句号为 200。

(2)准备功能 G 指令　是使数控机床做某种动作的指令,用地址 G 和两位数字所组成,从 G00～G99 共 100 种。G 功能的代号已标准化。表 2-1 所示为 G 功能字含义表。

表 2-1　G 功能字含义表

G 功能字	FANUC 系统	SIEMENS 系统
G00	快速移动点定位	快速移动点定位
G01	直线插补	直线插补
G02	顺时针圆弧插补	顺时针圆弧插补
G03	逆时针圆弧插补	逆时针圆弧插补
G04	暂停	暂停
G05	—	通过中间点圆弧插补
G17	XY 平面选择	XY 平面选择
G18	ZX 平面选择	ZX 平面选择
G19	YZ 平面选择	YZ 平面选择
G32	螺纹切削	—
G33	—	恒螺距螺纹切削
G40	刀具补偿注销	刀具补偿注销
G41	刀具补偿——左	刀具补偿——左
G42	刀具补偿——右	刀具补偿——右
G43	刀具长度补偿——正	—
G44	刀具长度补偿——负	—
G49	刀具长度补偿注销	—
G50	主轴最高转速限制	—
G54～G59	加工坐标系设定	零点偏置
G65	用户宏指令	—
G70	精加工循环	英制
G71	外圆粗切循环	米制

G 功能字	FANUC 系统	SIEMENS 系统
G72	端面粗切循环	—
G73	封闭切削循环	—
G74	深孔钻循环	—
G75	外径切槽循环	—
G76	复合螺纹切削循环	—
G80	撤销固定循环	撤销固定循环
G81	定点钻孔循环	固定循环
G90	绝对值编程	绝对尺寸
G91	增量值编程	增量尺寸
G92	螺纹切削循环	主轴转速极限
G94	每分钟进给量	直线进给率
G95	每转进给量	旋转进给率
G96	恒线速控制	恒线速度
G97	恒线速取消	注销 G96
G98	返回起始平面	—
G99	返回 R 平面	—

（3）坐标字　由坐标地址符（如 X、Y 等）、+、−符号及绝对值（或增量）的数值组成，且按一定的顺序进行排列。坐标字的"+"可省略。

各坐标轴的地址符按下列顺序排列：X、Y、Z、U、V、W、P、Q、R、A、B、C、D、E。

（4）进给功能 F 指令　用来指定各运动坐标轴及其任意组合的进给量或螺纹导程。该指令是续效代码，有以下两种表示方法。

① 代码法。即 F 后跟两位数字，这些数字不直接表示进给速度的大小，而是表示机床进给速度数列的序号，进给速度数列可以是算术级数，也可以是几何级数。从 F00~F99 共 100 个等级。

② 直接指定法。即 F 后面跟的数字就是进给速度的大小。按数控机床的进给功能，它也有两种速度表示法：一是以每分钟进给距离的形式指定刀具切削进给速度（每分钟进给量），用 F 字母和其后的数值表示，单位为"mm/min"，如 F100 表示进给速度为 100 mm/min，对于回转轴，如 F12 表示进给速度为 12°/min；二是以主轴每转进给量规定的速度（每转进给量），单位为"mm/r"，直接指定方法较为直观，因此，现在大多数机床均采用这一指定方法。

（5）主轴转速功能字 S 指令　用来指定主轴的转速，由地址码 S 和在其后的若干位数字组成。有恒转速（单位为 r/min）和表面恒线速（单位为 m/min）两种运转方式。如 S800 表示主轴转速为 800 r/min；对于有恒线速度控制功能的机床，还要用 G96 或 G97 指令配合 S 代码来指定主轴的速度。如 G96 S200 表示切削速度为 200 m/min，G96 为恒线速控制指令；G97 S2000 表示注销 G96，主轴转速为 2000 r/min。

（6）刀具功能字 T 指令　主要用来选择刀具，也可用来选择刀具偏置和补偿，由地址码 T 和若干位数字组成。如 T18 表示换刀时选择 18 号刀具，如用作刀具补偿时，T18 是指按 18 号刀具事先所设定的数据进行补偿。若用四位数码指令时，例如 T0102，则前两位数字表示刀号,后两位数字表示刀补号。由于不同的数控装置有不同的指定方法和含义,具体应用时应参照所用数控机床说明书中的有关规定进行。

（7）辅助功能字 M 指令　辅助功能表示一些机床辅助动作及状态的指令。由地址码 M和后面的两位数字表示。从 M00～M99 共 100 种。表 2-2 所示为 M 功能字含义表。

表 2-2　M 功能字含义表

M 功能字	含　义
M00	程序停止
M01	计划停止
M02	程序停止
M03	主轴顺时针旋转
M04	主轴逆时针旋转
M05	主轴旋转停止
M06	换刀
M07	2 号冷却液开
M08	1 号冷却液开
M09	冷却液关
M30	程序停止并返回开始处
M98	调用子程序
M99	返回子程序

（8）程序段结束　写在每个程序段之后,表示程序结束。当用 EIA 标准代码时,结束符为"CR",用 ISO 标准代码时为"NL"或"LF"。有的用符号";"表示。

2.2.2　绝对尺寸指令和增量尺寸指令

在加工程序中,绝对尺寸指令和增量尺寸指令有两种表达方法。

绝对尺寸指机床运动部件的坐标尺寸值相对于坐标原点的尺寸值,如图 2-17 所示。增量尺寸指机床运动部件的坐标尺寸值相对于前一位置的尺寸值,如图 2-18 所示。

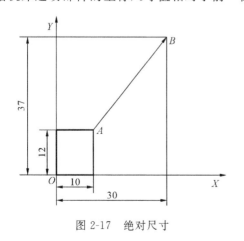
图 2-17　绝对尺寸

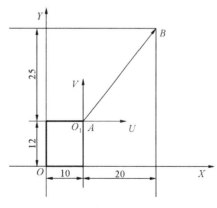
图 2-18　增量尺寸

1. G 功能字指定

G90 指定尺寸值为绝对尺寸。

G91 指定尺寸值为增量尺寸。

这种表达方式的特点是同一程序段中只能用一种,不能混用;同一坐标轴方向的尺寸字的地址符是相同的。

2. 用尺寸字的地址符指定(本课程中车床部分使用)

绝对尺寸的尺寸字的地址符用 X、Y、Z,增量尺寸的尺寸字的地址符用 U、V、W。这种表达方式的特点是同一程序段中绝对尺寸和增量尺寸可以混用,这给编程带来很大方便。

2.2.3 预置寄存指令 G92

预置寄存指令是按照程序规定的尺寸字值,通过当前刀具所在位置来设定加工坐标系的原点。这一指令不产生机床运动。

程序格式:G92X_Y_Z_

式中:X、Y、Z 的值是当前刀具位置相对于加工原点位置的值。

【例 2-2】 建立图 2-19 所示的加工坐标系。

【解】 当前的刀具位置点在 A 点时:G92 X10 Y12。

当前的刀具位置点在 B 点时:G92 X30 Y37。

注意:这种方式设置的加工原点是随刀具当前位置(起始位置)的变化而变化的。

2.2.4 坐标平面选择指令

坐标平面选择指令是用来选择圆弧插补的平面和刀具补偿平面的。

G17 表示选择 XY 平面,G18 表示选择 ZX 平面,G19 表示选择 YZ 平面。

各坐标平面如图 2-19 所示。一般,数控车床默认在 ZX 平面内加工,数控铣床默认在 XY 平面内加工。

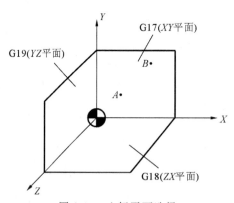

图 2-19 坐标平面选择

2.2.5 快速点定位指令

快速点定位指令控制刀具以点位控制的方式快速移动到目标位置,其移动速度由参数来设定。指令执行开始后,刀具沿着各个坐标方向同时按参数设定的速度移动,最后减速到达终点,如图 2-20(a)所示。注意:在各坐标方向上有可能不是同时到达终点。刀具移动轨迹是几条线段的组合,不是一条直线。例如,在 FANUC 系统中,运动总是先沿 45°角的直线移动,最后再在某一轴单向移动至目标点位置,如图 2-20(b)所示。编程人员应了解所使用的数控系统的刀具移动轨迹情况,以避免加工中可能出现的碰撞。

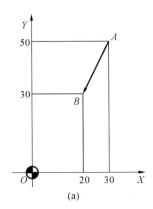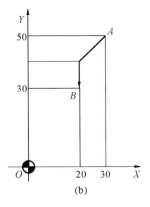

(a) (b)

图 2-20 快速点定位

（a）同时到达终点；(b) 单向移动至终点

程序格式：G00 X_Y_Z_

式中：X、Y、Z 的值是快速点定位的终点坐标值。

【例 2-3】 试编制图 2-20 中从 A 点到 B 点快速移动的程序段。

【解】 G90 G00 X20 Y30。

2.2.6 直线插补指令

直线插补指令用于产生按指定进给速度 F 实现的空间直线运动。

程序格式：G01 X_Y_Z_F_

式中：X、Y、Z 的值是直线插补的终点坐标值。

【例 2-4】 实现图 2-21 中从 A 点到 B 点的直线插补运动，试分别用绝对方式及增量方式编程。

【解】 绝对方式编程：G90 G01 X10 Y10 F100。

增量方式编程：G91 G01 X-10 Y-20 F100。

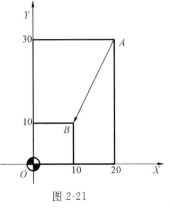

图 2-21

2.2.7 圆弧插补指令

G02 为按指定进给速度的顺时针圆弧插补。G03 为按指定进给速度的逆时针圆弧插补。

圆弧顺逆方向的判别：沿着不在圆弧平面内的坐标轴，由正方向向负方向看，顺时针方向为 G02，逆时针方向为 G03，如图 2 22 所示。

各平面内圆弧情况如图 2-23 所示，图 2-23（a）表示 XY 平面的圆弧插补，图 2-23（b）表示 ZX 平面的圆弧插补，图 2-23（c）表示 YZ 平面的圆弧插补。

程序格式如下。

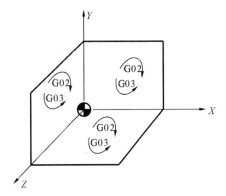

图 2-22 圆弧方向判别

XY 平面：

G17 G02 X_ Y_ I_ J_ （R_) F_

G17 G03 X_ Y_ I_ J_ （R_) F_

ZX 平面：

G18 G02 X_ Z_ I_ K_ （R_） F_
G18 G03 X_ Z_ I_ K_ （R_） F_
YZ 平面：
G19 G02 Z_ Y_ J_ K_ （R_） F_
G19 G03 Z_ Y_ J_ K_ （R_） F_

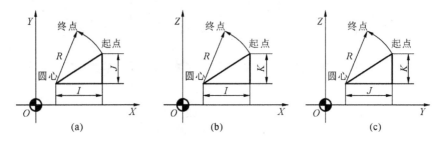

图 2-23　各平面内圆弧情况

（a）XY 平面圆弧；（b）XZ 平面圆弧；（c）YZ 平面圆弧

其中：X、Y、Z 的值是指圆弧插补的终点坐标值；

I、J、K 是指圆弧起点到圆心的增量坐标，与 G90、G91 无关；

R 为指定圆弧半径，当圆弧的圆心角≤180°时，R 值为正，当圆弧的圆心角＞180°时，R 值为负。

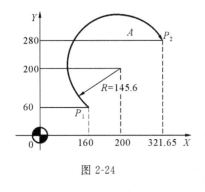

图 2-24

【例 2-5】　在图 2-24 中，当圆弧 A 的起点为 P_1，终点为 P_2 时，试编制圆弧插补程序段。

【解】

G02 X321.65 Y280 I40 J140 F50

　或　　G02 X321.65 Y280 R_145.6 F50。

反之，当圆弧 A 的起点为 P_2，终点为 P_1 时，圆弧插补程序段为

G03 X160 Y60 I_121.65 J_80 F50

　或　　　　G03 X160 Y60 R_145.6 F50

2.2.8　刀具半径补偿指令

应用在零件轮廓铣削加工时，由于刀具半径尺寸的影响，刀具的中心轨迹与零件轮廓在进行圆弧插补时往往不一致。为了避免计算刀具中心轨迹，直接按零件图样上的轮廓尺寸编程，数控装置提供了刀具半径补偿功能，如图 2-25 所示。

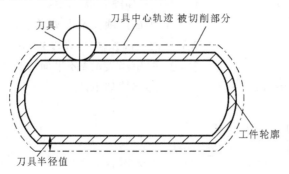

图 2-25　刀具半径补偿

1. 编程格式

G41 为左偏刀具半径补偿,定义为假设工件不动,沿刀具运动方向向前看,刀具在零件左侧的刀具半径补偿,如图 2-26 所示。

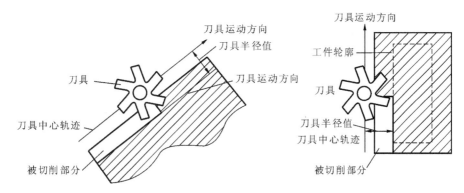

图 2-26　左偏刀具半径补偿

G42 为右偏刀具半径补偿,定义为假设工件不动,沿刀具运动方向向前看,刀具在零件右侧的刀具半径补偿,如图 2-27 所示。G40 为补偿撤销指令。

程序格式:

G00/G01 G41/G42 X_ Y_ H_　　　//建立补偿程序段
　　　　　　⋮　　　　　　　　　　//轮廓切削程序段
G00/G01 G40 X_ Y_　　　　　　　//补偿撤销程序段

其中:

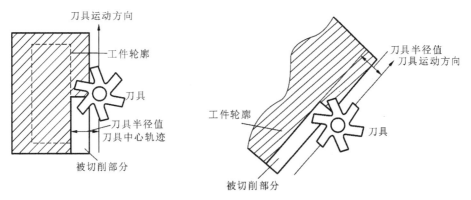

图 2-27　右偏刀具半径补偿

G41/G42 程序段中的 X、Y 值是建立补偿直线段的终点坐标值;

G40 程序段中的 X、Y 值是撤销补偿直线段的终点坐标值;

H 为刀具半径补偿代号地址字,后面一般用两位数字表示代号,代号与刀具半径值一一对应。刀具半径值可用 CRT/MDI 方式输入,即在设置时,H_ = R。如果用 H00 也可取消刀具半径补偿。

一般刀具半径补偿量的改变,是在补偿撤销的状态下重新设定刀具半径补偿量。如果在已补偿的状态下改变补偿量,则程序段的终点是按该程序段所设定的补偿量来计算的。

2. 刀具半径补偿量的符号

一般刀具半径补偿量的符号为正,若取为负值时,会引起刀具半径补偿指令 G41 与 G42

的相互转化。

3.过切

通常过切有以下两种情况。

（1）刀具半径大于所加工工件内轮廓转角时产生的过切，如图 2-28 所示。

（2）刀具直径大于所加工沟槽时产生的过切，如图 2-29 所示。

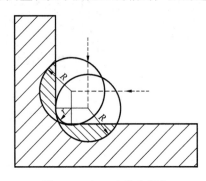 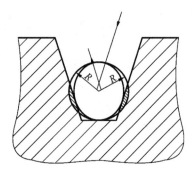

图 2-28　加工内轮廓转角　　　　　　图 2-29　加工沟槽

4.刀具半径补偿的其他应用

应用刀具半径补偿指令加工时，刀具的中心始终与工件轮廓相距一个刀具半径的距离。当刀具磨损或刀具重磨后，刀具半径变小，只需在刀具补偿值中输入改变后的刀具半径，而不必修改程序。在采用同一把半径为 R 的刀具，并用同一个程序进行粗、精加工时，设精加工余量为 Δ，则粗加工时设置的刀具半径补偿量为 $R+\Delta$，精加工时设置的刀具半径补偿量为 R，就能在粗加工后留下精加工余量 Δ，然后，在精加工时完成切削。运动情况如图 2-30 所示。

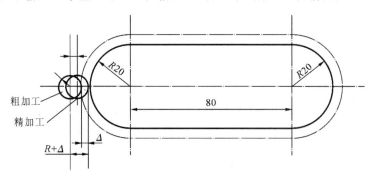

图 2-30　刀具半径补偿的应用实例

2.2.9　刀具长度补偿指令

使用刀具长度补偿指令，在编程时就不必考虑刀具的实际长度及各把刀具不同的长度尺寸。加工时，用 MDI 方式输入刀具的长度尺寸，即可正确加工。在由于刀具磨损、更换刀具等原因引起刀具长度尺寸变化时，只要修正刀具长度补偿量，而不必调整程序或刀具。

G43 为正补偿，即将 Z 坐标尺寸字与 H 代码中长度补偿的量相加，按其结果进行 Z 轴运动。

G44 为负补偿，即将 Z 坐标尺寸字与 H 代码中长度补偿的量相减，按其结果进行 Z 轴运动。

G49 为撤销补偿。

编程格式为：

G01 G43/G44 Z H　　　　　　// 建立补偿程序段

⋮　　　　　　　　// 切削加工程序段

G49　　　　　　　　　　　// 补偿撤销程序段

其中:S 为 Z 向程序指令点；

H_ 的值为长度补偿量,即 H_$=\Delta$。

H 为刀具长度补偿代号地址字,后面一般用两位数字表示代号,代号与长度补偿量一一对应。刀具长度补偿量可用 CRT/MDI 方式输入。如果用 H00 则取消刀具长度补偿。

2.2.10　等螺距螺纹加工指令

1.指令格式

X(U)_Z(W)_F_

2.参数说明

(1) X、Z 表示螺纹切削终点的坐标值,U、W 表示螺纹切削终点相对于起点的坐标增量。

(2) F 表示螺纹导程,mm。

3.注意事项

(1) X(U)省略为圆柱螺纹切削,Z(W)省略为端面螺纹切削,X(U)、Z(W)均不省略为锥面螺纹切削。

(2) 螺纹加工时需计入螺纹切入、切出长度,长度一般可取 2~5 mm。

(3) 以圆柱、圆锥螺纹加工为例,其编程步骤为:G00(径向进刀)→G32(纵向车螺纹)→G00(径向退刀)→G00(纵向退刀),其轨迹一般为一矩形。

(4) 圆锥螺纹加工时,由于长度方向需考虑螺纹切入、切出量,故需推算出切入、切出位置的实际直径值。

2.2.11　其他常用指令

1.暂停(延时)指令——G04

在进行锪孔、车槽、车阶梯轴等加工时,常要求刀具在短时间内实现无进给光整加工,此时可以用 G04 指令实现刀具暂时停止进给。

1) 指令格式

G04X(U)_或 G04 P_

2) 用参数说明

① X(U)——暂停时间,可用小数点编程,其指令值范围为 0.001~99999.999,单位为秒(s),

② P——暂停时间,用整数编程,其指令值范围为 1~99999999,单位为毫秒(ms)。

3) 注意点

G04 为非模态指令,只在本程序段中有效。

2.返回参考点校验——G27

这里的参考点是指机床参考点。机床参考点是可以任意设定的,设定的位置主要根据机床加工或换刀的需要。设定的方法有两种:一是根据刀杆上某一点或刀具刀尖等坐标位置存入相关参数中,来设定机床参考点;二是通过调整机床上各挡铁的相应位置来设定。

G27 指令是用于检查机床能否准确返回参考点,准确返回时各轴参考点的指示灯亮,否则指示灯不亮。这样可以检测程序中指令的参考点坐标值是否正确。

1) 指令格式

G27X_Y_Z_

2）参数说明

X、Y、Z——返回运动中间点的坐标值。

3）注意点

① 使用 G27 指令时应取消刀具补偿功能，且执行前需返回过一次参考点，否则指示灯不亮。

② G27 指令使用后执行后续程序段时，若需要机床停止，应在 G27 指令程序段后加 M00 或 M01 等辅助功能，或在单段功能情况下运行。

3. 自动返回参考点——G28

G28 指令能使受控的坐标轴从任何位置以快速定位方式经中间点自动返回参考点，到达参考点时，相应坐标轴的指示灯亮。

1）指令格式

G28X_Y_Z_

2）参数说明

X、Y、Z——返回运动中间点的坐标值。

3）注意点

① 返回运动中间点的坐标值取值应避免与工件、机床和夹具相碰撞。

② G28 指令常用于刀具自动换刀，G28 指令执行前需取消刀具补偿。

如 G28 U0 W0 T0100；

表示刀具从当前点直接返回参考点。

4. 从参考点自动返回——G29

1）指令格式

G29X_Y_Z_

2）参数说明

X、Y、Z——返回点坐标值。

3）注意点

① G29 指令一般跟在 G28 指令后使用，用于刀具自动换刀后返回所需加工的位置。

② 执行 G29 指令时，机床从参考点快速移动到 G28 指令设定的中间点，再从中间点快速移动到 G29 指令的指定点。

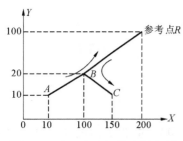

图 2-31　G28 和 G29 的应用实例

如图 2-31 所示，移动轨迹为：

G28 X100.0 Y20.0 T0300；	A→B→R
M06；	换刀
G29 X150.0 Y10.0；	R→B→C

5. 英制输入和米制（公制）输入——G20、G21

坐标尺寸可以通过 G20 或 G21 指令选择英制或米制。英制的单位是英寸（in），最小单位一般为 0.0001 in 或 0.001 in；米制也称公制，单位是毫米（mm），最小单位一般为 0.001 mm 或 0.01 mm。

1）指令格式

G20/G21

2）注意

① G20 或 G21 指令必须在程序开始设定坐标系之前，在一个单独的程序段中指定。

② 在米/英制转换的 G 代码指定后,输入数据的尺寸距离单位发生变换,但角度单位不变。

③ 在程序执行时,绝对不能切换 G20 和 G21。

④ 机床断电后,米/英制转换的 G 代码被保存,通电后延续其断电前的设定功能。

6. 恒线速度的设定与取消——G96,G97

G96 指令表示控制主轴转速,使切削点的线速度始终保持在指定值,单位为 m/min。

G97 指令用于取消主轴恒线速度,G97 指令后跟的主轴转速单位为 r/min(恒转速)。

指令格式为

G96/G97S_;

如 G96 S150;

表示切削点线速度始终保持在 150 m/min。

又如 G97 S1000;

表示主轴转速为 1000 r/min。

7. 最高主轴速度限制——G50

G96 指令指定主轴转速时,主轴的转速会随工件直径的变化而变化,直径越小,转速越高。当直径接近零时,转速理论上接近无穷大,此时需通过 G50 指令预先设置最高主轴速度加以限制,其单位为 r/min。设置的最高主轴速度不得超过机床的最高允许速度。

指令格式为

G50 S_;

如 G50 S1500;

表示主轴最高速度限制为 1500 r/min。

8. 每分钟进给和每转进给——G98,G99

G99 状态下,F 后面的数值表示主轴每转的切削进给量或切螺纹时的螺距,单位为 mm/r,G98 表示的是主轴每分钟的切削进给量,单位为 mm/min。

指令格式为

G98/G99F_;

如 G98 F100 表示进给速度为 100 mm/min;

又如 G99 F0.3 表示进给速度为 0.3 mm/r。

2.3　数控加工的数学处理

在数控编程过程中,数学处理的任务是根据零件图样、加工路线和加工允许误差计算出数控装置所要的数据。也就是为了刀具位移和插补进行基点、节点和刀位点的计算。对于钻削加工、形状简单(由直线、圆弧构成)的平面轮廓加工,因数控装置具有直线插补、圆弧插补和刀具补偿功能,则数值计算相对比较容易;而对于自由曲线、自由曲面等多维复杂空间曲线、曲面加工的计算,则采用自动编程,上述的数学处理可以由计算机完成。

1. 基点和节点计算

绝大多数的复杂轮廓零件,是由许多不同几何元素组成的,如直线、圆弧、二次曲线及列表点曲线等。

　　各几何元素间的连接点称为基点,如两直线的交点、直线与圆弧或圆弧与圆弧的交点或切点、圆弧与二次曲线的交点或切点等。基点坐标是编程中必需的重要数据。显然,相邻基点间只能是一个几何元素。对于由直线与直线或直线与圆弧构成的平面轮廓零件,由于现代机床数控装置都具有直线、圆弧插补功能,所以数值计算比较简单。

　　当零件的形状是由直线段或圆弧之外的其他曲线构成,而数控装置又不具备该曲线的插补功能时,其数值计算就比较复杂。将组成零件的轮廓曲线按数控装置插补功能的要求,在满足允许的编程误差的条件下进行分割,即用若干直线段或圆弧来逼近给定曲线,逼近线段的交点或切点称为节点。如图 2-32 所示,图 2-32(a)所示为用直线段逼近非圆曲线的情况,图 2-32(b)所示为用圆弧段逼近非圆曲线的情况。编写程序时,应按节点划分程序段。逼近线段的近似区间越大,则节点数目越少,相应的程序段数也会减少,但逼近线段的误差 δ 应小于或等于编程允差。

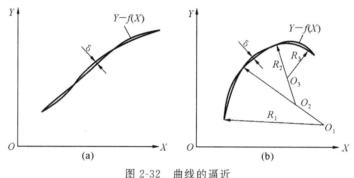

图 2-32　曲线的逼近

(a) 直线段逼近非圆曲线;(b) 圆弧段逼近非圆曲线

　　空间曲面零件应根据编程允差,将曲面分割成不同的加工截面,各加工截面上轮廓曲线也要计算基点和节点。

　　【例 2-6】　图 2-33 所示零件中,A、B、C、D、E 为基点。A、B、D、E 的坐标值从图中很容易找出,C 点是直线与圆弧切点,要联立方程求解。

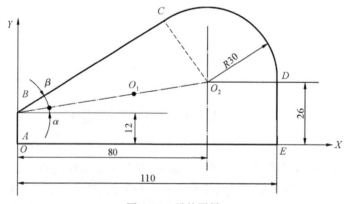

图 2-33　零件图样

　　【解】　以 B 点为计算坐标系原点,联立下列方程:

直线方程　　　　　　　　　　　　$Y = \tan(\alpha + \beta) X$

圆弧方程　　　　　　　　　　$(X-80)^2 + (Y-14)^2 = 30$

　　可求得(64.2786,39.5507),换算到以 A 点为原点的编程坐标系中,C 点坐标为(64.2786,51.5507)。

可以看出,对于如此简单的零件,基点的计算都很麻烦。对于复杂的零件,其计算工作量可想而知,为提高编程效率,可应用 CAD/CAM 软件辅助编程。

2. 刀位点的计算

刀位点是刀具所处不同位置的坐标点,刀具类型不同,则刀位点也不同,数控装置就是从对刀点开始控制刀位点的移动,并由刀具的切削运动加工出所需要的工件形状。车削平面轮廓时,可将车刀的假想刀尖点作为刀位点,也可以用刀尖圆弧半径的圆心作为刀位点。若用平底铣刀铣削加工时,可以用平底立铣刀的刀底中心作为刀位点。因此,对于具有刀具半径补偿功能的机床数控系统,只需要在数控程序的适当位置建立刀具补偿的有关指令,就能够保证在加工过程中刀位点按一定的规则自动偏离编程轨迹,达到正确加工的目的。这时,可直接按零件轮廓形状计算各基点和节点坐标,并作为编程时的坐标数据。

由于某些简易数控系统,如简易数控车床,只有长度偏移功能而无刀具半径补偿功能,编程时为保证能正确地加工出零件轮廓,就需要进行某些偏置计算。用球头刀加工三维立体型面零件时,程序编制要算出球头刀球心的运动轨迹,而由球头刀的外缘切削刃加工出零件轮廓。带摆角的数控机床加工三维型面零件或平面斜角零件时,程序编制要计算刀具摆动中心的轨迹和相应摆角值,数控装置控制刀具摆动中心运动时,由刀具端面和侧刃加工出零件轮廓。

3. 非圆曲线刀位轨迹的计算

数控装置一般只能做直线插补和圆弧插补的切削运动。如果工件轮廓是非圆曲线,数控装置就无法直接实现插补,而需要通过一定的数学处理。数学处理的方法是,曲线加工一般都是采用直线段或圆弧段去逼近非圆曲线,逼近线段与被加工曲线的交点称为节点。非圆曲线和列表曲线数控加工的数值计算要复杂许多。因此,需要计算刀具中心轨迹上的节点。

1) 线性逼近的基本方法

线性逼近是各种插补算法的基础,用直线可以逼近圆弧、非圆曲线、列表曲线和复杂曲线和曲面。下面以直线逼近内轮廓圆弧为例说明线性逼近的计算方法。

图 2-34 所示为线性逼近的三种方法。图 2-34(a)所示为弦线逼近法,图 2-34(b)所示为切线逼近法,图 2-34(c)所示为割线逼近法。即分别用弦线、切线、割线逼近一段圆弧。通过实验证明,割线逼近法(在内外均差下)误差最小,切线逼近法误差最大。

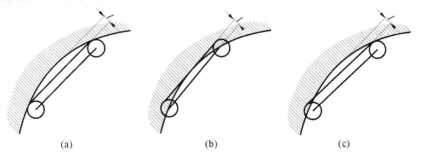

(a)　　　　　　　　　　(b)　　　　　　　　　　(c)

图 2-34　弦线、切线、割线逼近法

(a) 弦线逼近法;(b) 切线逼近法;(c) 割线逼近法

2) 直线逼近非圆曲线节点的计算

直线逼近非圆曲线常用的有等间距法、等程序段法和等误差法。一个已知方程的曲线节点数目主要取决于曲线方程的特性及允许的逼近误差,将直线方程和曲线联立求解即可求得一系列的节点坐标,并按节点划分程序段。

这种通过求得节点再编写程序的方法,使得节点数目决定了程序段的数目。节点数目越多,由直线逼近曲线产生的误差 δ 越小,程序的长度则越长。可见,节点数目的多少,决定了加工的精度和程序的长度。因此,正确确定节点数目是个关键问题。

3）数控加工误差的组成

数控加工误差 $\Delta_{数加}$ 是由编程误差 $\Delta_{编}$、机床误差 $\Delta_{机}$、定位误差 $\Delta_{定}$、对刀误差 $\Delta_{刀}$ 等误差综合形成。即

$$\Delta_{数加} = f(\Delta_{编} + \Delta_{机} + \Delta_{定} + \Delta_{刀})$$

其中:

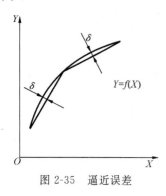

图 2-35　逼近误差

（1）编程误差 $\Delta_{编}$ 由逼近误差 δ、圆整误差组成。逼近误差 δ 是在用直线段或圆弧段去逼近非圆曲线的过程中产生的,如图 2-35 所示。圆整误差是在数据处理时,将坐标值四舍五入圆整成整数脉冲当量值而产生的误差。脉冲当量是指每个单位脉冲对应坐标轴的位移量。普通精度的数控机床,一般脉冲当量值为 0.01 mm;较精密数控机床的脉冲当量值为 0.005 mm 或 0.001 mm 等。

（2）机床误差 $\Delta_{机}$ 由数控系统误差、进给系统误差等原因产生。

（3）定位误差 $\Delta_{定}$ 是当工件在夹具上定位、夹具在机床上定位时产生的。

（4）对刀误差 $\Delta_{刀}$ 是在确定刀具与工件的相对位置时产生的。

如何减少上述各项误差,以提高加工精度的问题,将在后续相关内容中讨论。

2.4　数控加工程序编制

2.4.1　钻孔加工程序

1.孔加工程序的特点

（1）编程中坐标性质（指绝对坐标或相对坐标）的选择应与图样尺寸的标注方法一致,这样可以减少尺寸换算和保证加工精度。

（2）注意提高对刀精度,如程序中需要换刀,在空间允许的情况下,换刀点应尽量安排在加工点上。

（3）注意使用刀具补偿功能,可以在刀具长度变化时保证钻孔深度。

（4）在钻孔量很大时,为了简化编程,应使用固定循环指令和对称功能。

（5）程序的最后应返回原点检查,以保证程序的正确性。

2.编程实例

手工编写如图 2-36 所示零件数控钻削的加工程序,选用有刀具长度补偿的数控钻床加工零件中 A、B、C 三个孔,工件材料为 45 钢。

1）零件加工工艺性分析

无妨碍刀具运动的部位,不会产生加工干涉或加工不到的区域,零件形状尺寸不大,精度要求不高,三个空尺寸一样,可用一把刀,零件上下表面平整。

2）加工方法的选择

一次钻削加工,有沉孔、有通孔,沉孔加工到孔底时需要停留一下,保证加工可靠、到位和

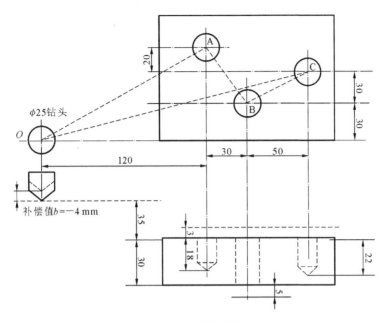

图 2-36 钻孔实例

质量,通孔需要多钻一段来保证钻通。

3）机床的选择

根据零件图样要求,选用经济型数控钻床即可达到要求。具体型号查手册。

4）工装的选择

以已加工过的底面和侧面为定位基准,用通用夹具夹紧工件的两侧边,夹具固定于钻床工作台上。

5）加工区域规划

如图 2-36 所示,A 孔、B 孔、C 孔等三个孔。

6）加工工艺路线规划

起刀点→A 孔→A 孔工进起点→A 孔加工→返回 A 孔工进起点→B 孔工进起点→B 孔加工→返回 B 孔工进起点→C 孔工进起点→C 孔加工→返回 C 孔→返回起刀点。

7）刀具的选择

选用 $\phi25$ 的钻头,设为 T01,刀具长度补偿值为 4 mm,设在 01 号补偿寄存器,正补偿。

8）切削参数的确定

切削用量的具体数值应根据该机床性能、相关的手册并结合实际经验确定,详见加工程序。

9）确定工件坐标系、对刀点和换刀点

确定以机床零点为工件原点,建立工件坐标系,如图 2-36 所示。O 点作为对刀点。

10）基点、节点坐标计算

程序清单如下。

主程序:WM0001；

N01 G54 ；   选择坐标系

N02 G91 G00 X120.0 Y80.0；   定位到 A 孔的圆心

N03 G43 Z_32.0 T01 D01；   刀具快速移动到工进起点,刀具长度补偿

N04 S600 M03；	主轴启动
N05 G01 Z_21.0 F1000；	加工 A 孔
N06 G04 P2000；	孔底停留 2 s
N07 G00 Z21.0；	快速返回到工进起点
N08 X30.0 Y_50.0；	定位到 B 点
N09 G01 Z_38.0；	加工 B 孔
N10 G00 Z38.0；	快速返回到工进起点
N11 X50.0 Y30.0；	定位到 C 孔
N12 G01 Z_25.0；	加工 C 孔
N13 G04 P2000；	孔底停留 2 s
N14 G00 Z57.0 D00；	Z 坐标返回到程序起点，取消刀补
N15 X_200.0 Y_60.0；	X、Y 坐标返回到程序起点
N16 M05；	主轴停止
N17 M02；	程序结束

2.4.2　车削加工程序

1. 车削加工程序的特点

1）关于坐标

数控车床径向为 X 轴、纵向为 Z 轴；X 和 Z 坐标指令，在按绝对坐标编程时使用代码 X 和 Z，按增量编程时使用代码 U 和 W；切削圆弧时，使用 I 和 K 表示圆心相对圆弧起点的坐标增量值或者使用半径 R 值代替 I 和 K 值；在一个零件的程序中或在一个程序段中，既可以按绝对坐标编程，或按增量坐标编程，也可以用绝对坐标与增量坐标值混合编程；X 或 U 坐标值，在数控车床的程序编制中是"直径值"，即按绝对坐标编程时，X 为直径值，按增量坐标编程时，U 为径向实际位移值的两倍，并附上方向符号。

2）关于刀具补偿

由于在实际加工中，刀具会产生磨损，精加工时车刀刀尖需要磨出半径不大的圆弧，需要刀尖圆弧半径补偿。

换刀时，安装所引起的刀尖位置差异，需要利用刀具长度补偿功能加以调整。

3）关于车削固定循环功能

车床数控装置中具备各种不同形式的固定切削循环功能。如内、外圆柱面固定循环，内、外锥面固定循环，端面固定循环，内、外螺纹固定循环及组合面切削循环等，使用固定循环指令可以简化编程。

车削加工一般为大余量多次切除过程，常常需要多次重复几种固定的动作，因此，还具有粗切循环功能。

2. 编程实例

如图 2-37 所示工件，毛坯为 ϕ25 mm×65 mm 棒材，工件材料为 45 钢。

1）根据零件图样要求、毛坯情况，确定工艺方案及加工路线

（1）对短轴类零件，轴心线为工艺基准，用三爪自定心卡盘夹持 ϕ25 mm 外圆，一次装夹完成粗精加工。

（2）工步顺序如下。

① 粗车外圆。基本采用阶梯切削路线，为编程时数值计算方便，圆弧部分可用同心圆车

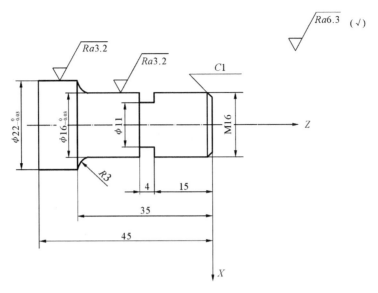

图 2-37　车削实例

圆弧法,分三刀切完。

　　② 自右向左精车右端面及各外圆面:车右端面→倒角→切削螺纹外圆→车 $\phi16$ mm 外圆→车 $R3$ mm 圆弧→车 $\phi22$ mm 外圆。

　　③ 切槽。

　　④ 车螺纹。

　　⑤ 切断。

　　2) 选择机床设备

　　根据零件图样要求,选用经济型数控车床即可达到要求。故选用 CJK6136D 型数控卧式车床。

　　3) 选择刀具

　　根据加工要求,选用四把刀具:T01 为粗加工刀,选 $90°$外圆车刀;T02 为精加工刀,选尖头车刀;T03 为切槽刀,刀宽为 4 mm;T04 为 $60°$螺纹刀。刀具布置如图 2-38 所示。

　　同时将四把刀在四工位自动换刀刀架上安装好,且都对好刀,把它们的刀偏值输入相应的刀具参数中。

　　4) 确定切削用量

　　切削用量的具体数值应根据该机床性能、相关的手册并结合实际经验确定,详见加工程序。

　　5) 确定工件坐标系、对刀点和换刀点

　　确定以工件右端面与轴心线的交点 O 为工件原点,建立 OXZ 工件坐标系,如图 2-37 所示。

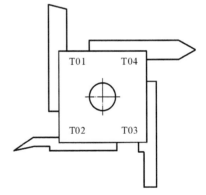

图 2-38　刀具布置图

　　采用手动试切对刀方法(操作方法与前面介绍的数控车床对刀方法相同)把点 O 作为对刀点。换刀点设置在工件坐标系下 X15、Z150 处。

　　6) 编写程序(该程序用于 CJK6136D 车床)

　　按该机床规定的指令代码和程序段格式,把加工零件的全部工艺过程编写成程序清单。

该工件的加工程序如下(该系统 X 方向采用半径编程)。

程序清单如下。

N0010 G00 Z2 S500 T01.01 M03;

N0020 X11;　　　　　　　　　　　　　　　　粗车外圆得 $\phi22$ mm

N0030 G01 Z_50 F100;

N0040 X15;

N0050 G00 Z2;

N0060 X9.5;　　　　　　　　　　　　　　　　粗车外圆得 $\phi19$ mm

N0070 G01 Z_32 F100;

N0080 G91 G02 X1.5 Z_1.5 I1.5 K0;　　　　　粗车圆弧一刀得 $R1.5$ mm

N0090 G90 G00 X15;

N0100 Z2;

N0110 X8.5;　　　　　　　　　　　　　　　　粗车外圆得 $\phi17$ mm

N0120 G01 Z_32 F100;

N0130 G91 G02 X3 Z_3 I3 K0;　　　　　　　　粗车圆弧二刀得 $R3$ mm

N0140 G90 G00 X15 Z150;

N0150 T02.02;　　　　　　　　　　　　　　　换精车刀,调精车刀的刀偏值

N0160 X0 Z2;

N0170 G01 Z0 F50 S800;　　　　　　　　　　精加工

N0180 X7;

N0190 X8 Z_1;

N0200 Z_32;

N0210 G91 G02 X3 Z_3 I3 K0;

N0220 G90 G01 X11 Z_50;

N0230 G00 X15;

N0240 Z150;

N0250 T03.03;　　　　　　　　　　　　　　　换切槽刀,调切槽刀刀偏值

N0260 G00 X10 Z_19 S250 M03;　　　　　　　割槽

N0270 G01 X5.5 F80;

N0280 X10;

N0290 G00 X15 Z150;

N0300 T04.04;　　　　　　　　　　　　　　　换螺纹刀,调螺纹刀的刀偏值

N0310 G00 X8 Z5 S200 M03;　　　　　　　　　至螺纹循环加工起始点

N0320 G86 Z_17 K2 I6 R1.08 P9 N1;　　　　　车螺纹循环

N0330 G00 X15 Z150;

N0340 T03.03;　　　　　　　　　　　　　　　换切槽刀,调切槽刀的刀偏值

N0350 G00 X15 Z_49 S200 M03;　　　　　　　切断

N0360 G01 X0 F50;

N0370 G00 X15 Z150;

N0380 M02;　　　　　　　　　　　　　　　　程序结束

2.4.3　轮廓铣削加工程序

1.轮廓铣削编程特点

（1）数控铣床功能各异,品种繁多　选择机床时要考虑如何最大限度地发挥数控铣床的特点。一般两坐标联动数控铣床用于加工平面零件轮廓,三坐标以上的数控铣床用于三维复杂曲面加工,铣削加工中心具有多种功能,可以用于多工位、多工件和多种工艺方法的加工。

（2）数控铣床的数控装置具有多种插补方法　包括直线插补、圆弧插补、极坐标插补、抛物线插补及螺旋线插补等。编程时要合理地选择这些功能,以提高加工精度和效率。

（3）数控铣床一般都具有刀具位置补偿、刀具长度补偿、刀具半径补偿和各种固定循环等功能,合理地使用这些功能可以简化编程。

（4）铣削和由直线、圆弧组成的平面轮廓铣削数学处理比较简单,可以手工计算。非圆曲线和曲面轮廓的铣削加工,数学处理比较复杂,一般要采用计算机辅助计算和自动编程。

2.编程实例

毛坯为 70 mm×70 mm×18 mm 板材,六面已粗加工过,要求数控铣出如图 3-39 所示的槽,工件材料为 45 钢。

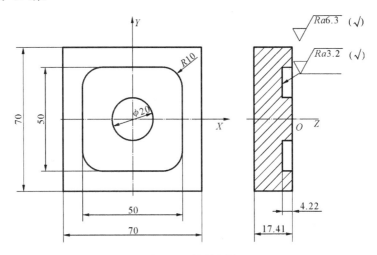

图 2-39　铣削实例

1）根据图样要求、毛坯及前道工序加工情况,确定工艺方案及加工路线

（1）以已加工过的底面为定位基准,用通用台虎钳夹紧工件前后两侧面,台虎钳固定于铣床工作台上。

（2）工步顺序如下。

① 铣刀先走两个圆轨迹,再用左刀具半径补偿加工 50 mm×50 mm 四角倒圆的正方形。

② 每次切深为 2 mm,分两次加工完。

2）选择机床设备

根据零件图样要求,选用经济型数控铣床即可达到要求。故选用 XKN7125 型数控立式铣床。

3）选择刀具

现采用 φ10 mm 的平底立铣刀,定义为 T01,并把该刀具的直径输入刀具参数表中。

4）确定切削用量

切削用量的具体数值应根据该机床性能、相关的手册并结合实际经验确定，详见加工程序。

5）确定工件坐标系和对刀点

在 OXY 平面内确定以工件中心为工件原点，Z 方向以工件表面为工件原点，建立工件坐标系，如图 2-39 所示。

采用手动对刀方法（操作与前面介绍的数控铣床对刀方法相同）把 O 点作为对刀点。

6）编写程序

按该机床规定的指令代码和程序段格式，把加工零件的全部工艺过程编写成程序清单。

考虑到加工图示的槽，深为 4 mm，每次切深为 2 mm，分两次加工完，则为编程方便，同时减少指令条数，可采用子程序。该工件的加工程序如下（该程序用于 XKN7125 铣床）。

程序清单如下。

```
AAAA；
N0010 G00 Z2 S800 T1 M03；
N0020 X15 Y0 M08；
N0030 L01 P1._2；                调一次子程序，槽深为 2 mm
N0040 L01 P1._4；                再调一次子程序，槽深为 4 mm
N0050 G01 Z2 M09；
N0060 G00 X0 Y0 Z150；
N0070 M02；                      主程序结束
L01；                           子程序开始
N0010 G01 ZP1 F80；
N0020 G03 X15 Y0 I_15 J0；
N0030 G01 X20；
N0040 G03 X20 YO I_20 J0；
N0050 G41 G01 X25 Y15；          左刀补铣四角倒圆的正方形
N0060 G03 X15 Y25 I_10 J0；
N0070 G01 X_15；
N0080 G03 X_25 Y15 I0 J_10；
N0090 G01 Y_15；
N0100 G03 X_15 Y_25 I10 J0；
N0110 G01 X15；
N0120 G03 X25 Y_15 I0 J10；
N0130 G01 Y0；
N0140 G40 G01 X15 Y0；           左刀补铣取消
N0150 RET；                      子程序结束
```

习　题

2-1　判断题(正确打钩,错误打叉)

1.固定循环功能中的 K 指重复加工次数,一般在增量方式下使用。　　　　(　　)

2.固定循环只能由 G80 撤销。　　　　　　　　　　　　　　　　　　(　　)

3.加工中心与数控铣床相比具有高精度的特点。　　　　　　　　　　　(　　)

4.一般规定加工中心的宏编程采用 A 类宏指令,数控铣床宏编程采用 B 类宏指令。(　　)

5.立式加工中心与卧式加工中心相比,加工范围较宽。　　　　　　　　(　　)

2-2　选择题

1.加工中心用刀具与数控铣床用刀具的区别是(　　)。

　　A.刀柄　　　　　　　　B.刀具材料　　　　C.刀具角度　　　　D.拉钉

2.加工中心编程与数控铣床编程的主要区别是(　　)。

　　A.指令格式　　　　　　B.换刀程序　　　　C.宏程序　　　　　D.指令功能

3.下列字符中,(　　)不适合用于 B 类宏程序中文字变量。

　　A.F　　　　　　　　　　B.G　　　　　　　　C.J　　　　　　　　D.Q

4.Z 轴方向尺寸相对较小的零件加工,最适合用(　　)加工。

　　A.立式加工中心　　　　　　　　　　　B.卧式加工中心

　　C.卧式数控铣床　　　　　　　　　　　D.车削加工中心

5.G65P9201 属于(　　)宏程序。

　　A.A 类　　　　　　　　B.B 类　　　　　　C.SIMENS　　　　　D.FAGOR

2-3　简答题

1.加工中心可分为哪几类? 其主要特点有哪些?

2.请总结加工中心刀具的选用方法。

3.加工中心的编程与数控铣床的编程主要有何区别?

4.在 B 类宏程序中,为何英文字母 G、L、N、O、P 一般不作为文字变量名?

5.在 B 类宏程序中,有哪些变量类型,其含义如何?

6.编程练习。采用 XH714 加工中心加工图 2-40 至图 2-43 各平面曲线零件,加工内容:各孔,深 5 mm;外轮廓表面,深 5 mm。试编写加工程序。

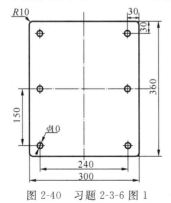

图 2-40　习题 2-3-6 图 1

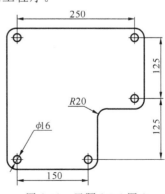

图 2-41　习题 2-3-6 图 2

7.编程练习。采用 XH714 加工中心加工如图 2-44、图 2-45 所示的各平面型腔零件,加工内容:各型腔,深 5 mm;440 mm×340 mm 外轮廓表面,深 5 mm。试编写加工程序。

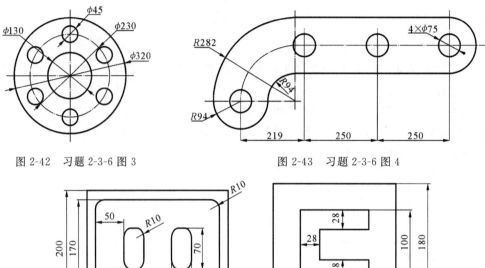

图 2-42　习题 2-3-6 图 3　　　　　　　图 2-43　习题 2-3-6 图 4

图 2-44　习题 2-3-7 图 1　　　　　　　图 2-45　习题 2-3-7 图 2

8. 在如图 2-46 所示的零件图样中,材料为 45 钢,技术要求见图。试完成以下工作:

(1) 分析零件加工要求及工装要求;

(2) 编制工艺卡片;

(3) 编制刀具卡片;

(4) 编制加工程序,并请提供尽可能多的程序方案。

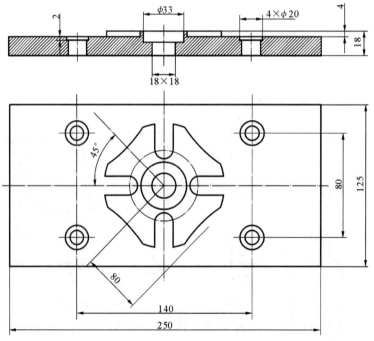

图 2-46　习题 2-3-8 图

第3章　数控机床中的位置检测装置

本 章 要 点

本章主要介绍各种常用的位置检测元件的结构、工作原理及其应用。

3.1　位置检测装置概述

3.1.1　位置检测装置的作用

位置检测装置是数控系统的重要组成部分,位置伺服控制的准确性决定了机床的加工精度。在闭环和半闭环系统中,必须利用位置检测装置把机床运动部件的实际位移量随时检测出来。在位置检测过程中,位置检测装置发出的反馈信号与数控系统发出的指令信号相比较后由伺服系统控制机床移动部件向减小偏差方向移动,直至偏差等于零为止。

3.1.2　位置检测装置的要求

在数控机床中,数控装置是依靠指令值与位置检测装置的反馈值进行比较,来控制工作台运动的。位置检测装置是 CNC 系统的重要组成部分。在闭环系统中,它的主要作用是检测位移量,并将检测的反馈信号和数控装置发出的指令信号相比较,若有偏差,经放大后控制执行部件,使其向着消除偏差的方向运动,直到偏差为零。为了提高数控机床的加工精度,必须提高测量元件和测量系统的精度。不同的数控机床对测量元件和测量系统的精度要求、允许的最高移动速度各不相同,因此,研制和选用性能优越的检测装置是很重要的。

数控机床对位置检测装置的要求如下。

（1）稳定可靠、抗干扰能力强　数控机床的工作环境存在油污、潮湿、灰尘、冲击振动等,检测装置要能够在这样的恶劣环境下工作稳定,并且受环境温度影响小,能够抵抗较强的电磁干扰。

（2）满足精度和速度的要求　为保证数控机床的精度和效率,检测装置必须具有足够的精度和检测速度,位置检测装置的分辨率应高于数控机床的分辨率一个数量级。

（3）安装维护方便、成本低廉　受机床结构和应用环境的限制,要求位置检测装置体积小巧,便于安装调试。尽量选用价格低廉、性价比高的检测装置。

3.1.3　位置检测装置的分类

数控机床的位置检测装置类型很多,如表 3-1 所示。按检测信号的类型可分为数字式和模拟式;按测量装置编码方式可分为增量式和绝对式;按检测方式可分为直接测量装置和间接测量装置。对于不同类型的数控机床,因工作条件和检测要求不同,应采用不同的检测方式。

表 3-1　位置检测装置的分类

位置检测装置	按检测方式分类	直接测量装置	光栅,感应同步器,编码盘(测回转运动)
		间接测量装置	编码盘,旋转变压器
	按测量装置编码方式分类	增量式测量装置	光栅,增量式光电码盘
		绝对式测量装置	接触式码盘,绝对式光电码盘
	按检测信号的类型分类	数字式测量装置	光栅,光电码盘,接触式码盘
		模拟式测量装置	旋转变压器,感应同步器,磁栅

1. 直接测量和间接测量

测量传感器按形状可以分为直线型和回转型。若测量传感器所测量的指标就是所要求的指标,即直线型传感器测量直线位移,回转型传感器测量角位移,则该测量方式为直接测量。若回转型传感器测量的角位移只是中间量,再由它推算出与之对应的工作台直线位移,那么该测量方式为间接测量,其测量精度取决于测量装置和机床传动链两者的精度。

2. 增量式测量和绝对式测量

按测量装置编码的方式可以分为增量式测量和绝对式测量。增量式测量的特点是只测量位移增量,并用数字脉冲的个数来表示单位位移的数量,即工作台每移动一个测量单位,测量装置便发出一个脉冲信号。绝对式测量的特点是被测的任一点的位置都由一个固定的零点算起,每一测量点都有一对应的测量值。

3. 数字式测量和模拟式测量

数字式测量以量化后的数字形式表示被测的量,测量信号一般是电脉冲。数字式测量的特点是测量装置简单,信号抗干扰能力强,且便于显示处理。模拟式测量是将被测的量用连续的变量表示,如用电压幅值变化、电压相位变化来表示。

数控机床检测元件的种类很多,在数字式位置检测装置中,采用较多的有光电编码器、光栅等。在模拟式位置检测装置中,多采用感应同步器、旋转变压器和磁尺等。随着计算机技术在工业控制领域的广泛应用,目前感应同步器、旋转变压器和磁尺在国内已很少使用,许多公司已不再经营此类产品。然而旋转变压器由于其抗振、抗干扰性好,在欧美一些国家仍有较多的应用。数字式的传感器(如光电编码器和光栅等)使用方便可靠,因而应用最为广泛。

3.1.4　位置检测装置的主要性能指标

位置检测装置的核心器件为传感器,每种传感器都有其自身性能,它不但代表传感器的好坏,更是我们选择传感器的重要依据。一般来说,传感器有如下几个指标。

1) 精度

检测精度是指检测装置在一定长度或转角范围内测量累积误差的最大值。

数控机床用传感器要满足高精度和高速实时测量的要求。

直线位移检测精度通常在 $\pm 0.002 \sim 0.02$ mm/m、角位移检测精度在 $\pm (0.4'' \sim 1'')/360°$。

2) 分辨率

位置检测装置能检测的最小位置变化量称为分辨率。分辨率应适应机床精度和伺服系统的要求。分辨率的高低,对系统的性能和运行平稳性具有很大的影响。检测装置的分辨率一般按机床加工精度的 $1/10 \sim 1/3$ 选取(也就是说,位置检测装置的分辨率要高于机床加工精度)。

直线位移分辨率一般为 1 μm,高精度系统分辨率可达 0.001 μm、角位移分辨率可达 0.01″/360°。

3) 灵敏度

输出信号的变化量相对于输入信号变化量的比值称为灵敏度。实时测量装置不但要灵敏度高,而且输出、输入关系中各点的灵敏度应该是一致的。

4) 迟滞

对某一输入量,传感器的正行程的输出量与反行程的输出量的不一致,称为迟滞。数控伺服系统的传感器要求迟滞小。

5) 测量范围和量程

传感器的测量范围要满足系统的要求,并留有余地。

6) 零漂与温漂

零漂与温漂分别指在没有变化时,输入量随时间和温度的变化,位置检测装置的输出量发生的变化。传感器的零漂和温漂的量是其重要性能指标,零漂和温漂反映了随时间和温度的改变,传感器测量精度发生的微小变化。

3.2　旋转变压器

旋转变压器又称同步分解器,如图 3-1 所示,是一种间接测量装置,也属于模拟式测量装置,具有输出信号幅值大、抗干扰能力强、结构简单、动作灵敏、性能可靠等特点,同时,对环境条件要求不高,广泛用于半闭环进给伺服驱动系统中。但其信号处理比较复杂。

图 3-1　旋转变压器

3.2.1　结构和工作原理

旋转变压器是利用变压器原理实现角位移测量的检测装置。它将机械转角变换成与该转角呈某一函数关系的电信号,可用于角位移测量。在结构上与二相线绕式异步电动机相似,由定子和转子组成。激磁电压接到定子绕组上,转子绕组输出感应电压,输出电压随被测角位移的变化而变化。根据转子绕组两种不同的引出方式,旋转变压器分为有刷式和无刷式。有刷式旋转变压器的特点是结构简单,体积小,但因电刷与滑环是机械滑动接触的,所以可靠性差,使用寿命短。无刷式旋转变压器无电刷和滑环,拥有输出信号大、可靠性高、使用寿命长及不用维修等优点,因此得到广泛应用,其结构如图 3-2 所示。常用的激磁频率为 400 Hz,500 Hz,1000 Hz,2000 Hz 及 5000 Hz 等。

通常应用的旋转变压器为二极旋转变压器,其定子和转子绕组中各有互相垂直的两个绕组。另外,还有一种多极旋转变压器。也可以把一个极对数少的和一个极对数多的旋转变压器做在一个磁路上,装在一个机壳内,构成"粗测"和"精测"电气变速双通道检测装置,用于高精度检测系统和同步系统。

由于定子和转子之间的磁通分布符合正弦规律,所以当激磁电压加到定子绕组时,通过电磁耦合,转子绕组产生感应电动势。如图 3-3 所示,由变压器原理可知,设一次绕组匝数为

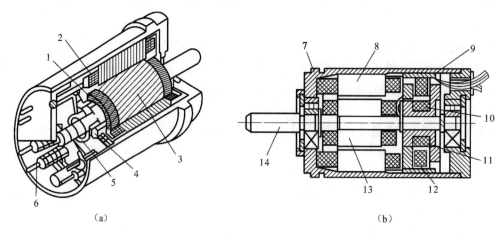

图 3-2　旋转变压器结构图

（a）有刷式旋转变压器；（b）无刷式旋转变压器

1—转子绕组；2—定子绕组；3—转子；4—整流子；5—电刷；6—接线柱；7—壳体；

8—旋转变压器本体定子；9—附加变压器定子；10—附加变压器一次绕组；

11—附加变压器转子线轴；12—附加变压器二次绕组；13—旋转变压器本体转子；14—转子轴

N_1，二次绕组匝数为 N_2，$n = N_1/N_2$ 为变压比，当一次侧输入交变电压

$$U_1 = U_m \sin\omega t \tag{3-1}$$

时，二次侧产生感应电动势

$$E_2 = nU_1 = nU_m \sin\omega t \tag{3-2}$$

同时，由于它是一只小型交流电动机，二次绕组跟着转子一起旋转，其输出电动势随着转子的角向位置呈正弦规律变化，当转子绕组磁轴与定子绕组磁轴垂直时，$\theta = 0°$，不产生感应电动势，$E_2 = 0$；当两磁轴平行时，$\theta = 90°$，感应电动势为最大，即

$$E_2 = nU_m \sin\omega t \tag{3-3}$$

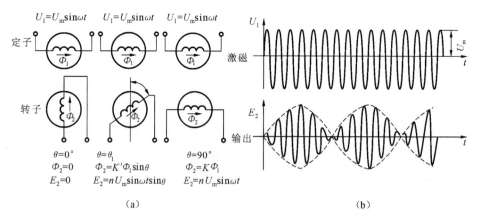

图 3-3　旋转变压器工作原理

（a）线圈位置图；（b）波形图

当两磁轴为任意角度时，感应电动势为

$$E_2 = nU_1 = nU_m \sin\omega t \sin\theta \tag{3-4}$$

式中　U_m——定子输入电压最大值。

因此，旋转变压器转子绕组输出电压是严格地按转子偏转角 θ 的正弦规律变化的。由此

可知,只要测量出旋转变压器转子绕组输出电压的幅值,就能测量出转子偏转角 θ。旋转变压器可单独和滚珠丝杠相连,也可与伺服电动机组成一体。

3.2.2　旋转变压器的应用

旋转变压器可以通过输出电压的相位或输出电压的幅值来反映所测位移量的大小,因此其应用方法有鉴相型方式和鉴幅型方式两种。

1. 鉴相型工作方式

在鉴相型工作方式下,旋转变压器定子两相正交绕组分别称为正弦绕组 S 和余弦绕组 C,在其上分别加上幅值相等、频率相同而相位相差 90°的正弦交变电压 $U_S = U_m \sin\omega t$ 和 $U_C = U_m \cos\omega t$,此两相励磁电压在转子绕组中会产生合成的感应电动势 E_2,如图 3-4 所示。

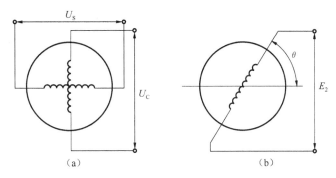

图 3-4　旋转变压器的定子绕组与转子绕组

(a) 定子正交绕组；(b) 转子工作绕组

根据线性叠加原理,转子绕组中产生的合成感应电动势为

$$E_2 = KU_S\cos\theta - KU_C\sin\theta = KU_m(\sin\omega t\cos\theta - \cos\omega t\sin\theta)$$
$$= KU_m\sin(\omega t - \theta) \tag{3-5}$$

式中　θ——定子正交绕组轴线与转子工作绕组轴线间的夹角；

　　　ω——励磁交变电压角频率。

由式(3-5)可见,旋转变压器转子绕组中的感应电动势 E_2 与定子绕组中的励磁电压频率相同,但相位不同,其相位差为 θ。测量转子绕组输出电压的相位角 θ,即可测得转子相对于定子的空间转角位置。在实际应用中,把定子正弦绕组励磁电压的相位作为基准相位,与转子绕组输出电压相位作比较,来确定转子转角的位置,故称其为鉴相工作方式。

如果将旋转变压器安装在数控机床的丝杠上,当 θ 角从 0°变化到 360°时,表示丝杠上的螺母(工作台)走了一个螺距,这样就间接地测量了工作台的直线位移(螺距)的大小。测全长时,可加一只计数器,累计所走的螺距数,折算成位移总长度。为区别正反向,再加一只相敏检波器以区别不同的转向。

2. 鉴幅型工作方式

在鉴幅型工作方式下,定子两相正交绕组中施加的励磁电压是频率和相位相同,而幅值分别按正弦、余弦规律变化的交变电压,即

$$\begin{cases} U_S = U_m\sin\alpha\sin\omega t \\ U_C = U_m\cos\alpha\sin\omega t \end{cases} \tag{3-6}$$

式中　$U_m\sin\alpha$、$U_m\cos\alpha$——定子两绕组励磁信号的幅值。此时在转子绕组中的感生电压不但

　　　　　　　　　　　　　　与转子的相对位置 θ 有关,还与励磁电压的幅值有关,即

$$E_2 = KU_{\mathrm{S}}\cos\theta - KU_{\mathrm{C}}\sin\theta = KU_{\mathrm{m}}\sin\omega t\,(\sin\alpha\cos\theta - \cos\alpha\sin\theta)$$
$$= KU_{\mathrm{m}}\sin\omega t\sin(\alpha - \theta) \tag{3-7}$$

式中 α——电气角。

若 $\alpha = \theta$，则 $E_2 = 0$。

从物理概念上理解，$\alpha = \theta$ 表示定子绕组合成磁通 Φ 与转子绕组平行，即没有磁力线穿过转子绕组线圈，故感应电动势为零。当合成磁通 Φ 垂直于转子线圈平面时，即 $\alpha - \theta = \pm 90°$ 时，转子绕组中感应电动势最大。在实际应用中，根据转子误差电压的大小，不断修正定子励磁信号的电气角 α，使其跟踪转子相对位置 θ 的变化。

由式(3-7)可知，感应电动势 E_2 是以 ω 为角频率的交变信号，其幅值为 $U_{\mathrm{m}}\sin(\alpha-\theta)$，若电气角 α 已知，那么只要测出 E_2 的幅值，便可间接地求出被测角位移 θ 的大小。一个特殊的情况，即当幅值为零时，说明电气角 α 与被测角位移 θ 相等。当采用鉴幅工作方式时，不断调整电气角 α，使幅值等于零，这样用调整电气角 α 代替了对角位移 θ 的测量，电气角 α 可通过具体电子线路测得。

3.3 感应同步检测单元

图 3-5 所示为一种感应同步器,感应同步器是由旋转变压器演变而来,是一种电磁感应式的位移检测装置,同时也是一种非接触电磁测量装置。它可以测量角位移或直线位移,输出的是模拟量,其抗干扰能力强,对环境要求低,结构简单,测量大量程时,接入方便,成本低。目前,直线式感应同步器的测量精度可达 $1.5~\mu\mathrm{m}$,测量分辨率可达 $0.05~\mu\mathrm{m}$,并可测量较大位移。因此,感应同步器广泛应用于坐标镗床、坐标铣床及其他机床的定位;旋转式感应同步器常用于雷达天线定位跟踪、精密机床或测量仪器的分度装置等。

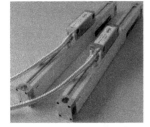

图 3-5 感应同步器

3.3.1 感应同步器测量装置的组成及工作原理

感应同步器测量装置分为直线式和旋转式两种,这里着重介绍直线式感应同步器。直线式感应同步器用于直线位移测量,它相当于一个展开的多极旋转变压器,它由定尺(相当于旋转变压器的转子绕组)和滑尺(相当于旋转变压器的定子绕组)两大部分组成。如图 3-6 所示,定尺是单向均匀感应绕组,尺长一般为 $250~\mathrm{mm}$,绕组节距 $2r$ 通常为 $2~\mathrm{mm}$。滑尺上有两组励磁绕组,一组称为正弦绕组,另一组称为余弦绕组,两绕组节距与定尺相同,并且相互错开 1/4 节距排列,一个节距相当于旋转变压器的一转(称为 360°电角度),这样两励磁绕组之间相差 90°电角度。

使滑尺与定尺相互平行,并保持一定的间距,向滑尺加以交流励磁电压,则在滑尺绕组中产生励磁电流,绕组周围产生按正弦规律变化的磁场,由电磁感应在定尺上感应出感应电动势,当滑尺与定尺间产生相对位移时,由于电磁耦合的变化,使定尺上感应电动势随位移的变化而变化。表 3-2 列出定尺感应电动势与定尺、滑

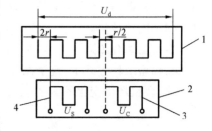

图 3-6 直线感应同步器
1—定尺;2—滑尺;
3—余弦励磁绕组;4—正弦励磁绕组

尺之间相对位置的关系。由表可见,如果滑尺处于 A 点位置,即滑尺绕组与定尺绕组完全重合,则定尺上感应电动势最大。随着滑尺相对定尺做平行移动,感应电动势慢慢减小,当滑尺相对定尺刚好错开 1/4 节距时,即表中 B 点,感应电动势为 0。再继续移动至 1/2 节距位置,即移至表中 C 点,为最大负值电动势。再移至 3/4 节距,即移至表中 D 点时,感应电动势又变为 0。移至 1 个节距,即移至表中 E 点时,又恢复初始状态,与 A 点位置完全相同。这样,滑尺在移动 1 个节距内,感应电动势变化了一个余弦周期。

表 3-2 定尺感应电动势与定尺、滑尺之间相对位置的关系

定 尺		
滑尺的位置	A 点	
	B 点	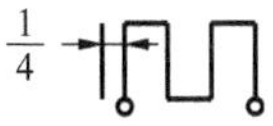 1/4
	C 点	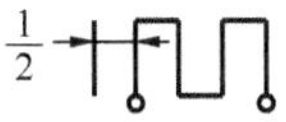 1/2
	D 点	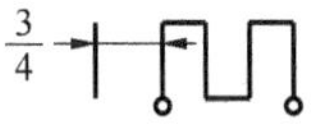 3/4
	E 点	 1节距
电磁耦合度		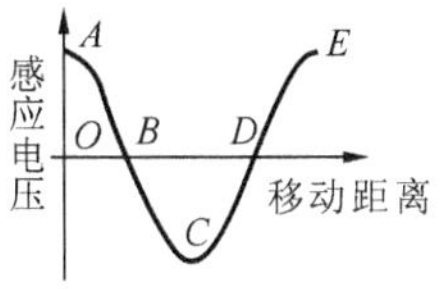

同样,若在滑尺的余弦绕组中通以交流励磁电压,也能得出定尺绕组中感应电压与两尺相对位移的关系曲线,它们之间为正弦函数关系。

若励磁电压

$$u = U_\mathrm{m}\sin\omega t$$

则定尺绕组产生的感应电动势

$$e = kU_\mathrm{m}\cos\theta\cos\omega t$$

式中 U_m——励磁电压幅值(V);

ω——励磁电压角频率(rad/s);

k——比例常数,其值与绕组间最大互感系数有关;

θ——滑尺相对定尺在空间的相位角。

在一个节距 W 内,位移 x 与 θ 的关系应为

$$\theta = 2\pi x/W$$

感应同步器就是利用感应电动势的变化,来检测在一个节距 W 内的位移量,为绝对式测量。例:感应电动势与励磁电压相位差 $\theta=1.8°$,节距 $W=2$ mm,由 $\theta=2\pi x/W$,则 $x=0.01$ mm。

3.3.2　感应同步器测量装置的工作方式

同旋转变压器工作方式相似,根据滑尺中励磁绕组供电方式不同,感应同步器分为相位工作方式和幅值工作方式。

1. 相位工作方式

给滑尺正弦绕组和余弦绕组加以同频、同幅但相位相差 $\pi/2$ 的交流励磁电压,即

$$U_\mathrm{S} = U_\mathrm{m}\sin\omega t$$
$$U_\mathrm{C} = U_\mathrm{m}\cos\omega t$$

由于两绕组在定尺绕组的感应电压滞后滑尺的励磁电压 90°电角度,再考虑两尺间位置变化的机械角 θ,则两绕组在定尺上的感应电动势分别为

$$E_\mathrm{S} = kU_\mathrm{m}\cos\omega t\cos\theta$$
$$E_\mathrm{C} = -kU_\mathrm{m}\sin\omega t\sin\theta$$

叠加后为

$$U_\mathrm{d} = E_\mathrm{S} + E_\mathrm{C} = kU_\mathrm{m}(\cos\omega t\cos\theta - \sin\omega t\sin\theta) = kU_\mathrm{m}\cos(\omega t + \theta)$$

式中　k——耦合系数。

由于 k、U_m、ω 为常数,所以定尺输出电压的相位角 θ 反映了位移增量 Δx。

2. 幅值工作方式

给滑尺正弦绕组和余弦绕组加以同相位、同频率但幅值不同的励磁电压,即

$$U_\mathrm{S} = U_\mathrm{m}\sin\theta_0\sin\omega t$$
$$U_\mathrm{C} = U_\mathrm{m}\cos\theta_0\cos\omega t$$

则两绕组在定尺上的感应电动势为

$$E_\mathrm{S} = kU_\mathrm{m}\sin\theta_0\cos\theta\cos\omega t$$
$$E_\mathrm{C} = kU_\mathrm{m}\cos\theta_0\cos(\theta + 90°)\cos\omega t = -kU_\mathrm{m}\cos\theta_0\sin\theta\cos\omega t$$

在定尺上叠加电压 U_d 为

$$U_\mathrm{d} = E_\mathrm{S} + E_\mathrm{C} = kU_\mathrm{m}(\sin\theta_0\cos\theta - \cos\theta_0\sin\theta)\cos\omega t$$
$$= kU_\mathrm{m}\sin(\theta_0 - \theta)\cos\omega t$$

在滑尺移动过程中,节距内任意一个 $U_\mathrm{d} = 0$,$\theta = \theta_0$ 的点称为节距零点。若改变滑尺的位置,$\theta \neq \theta_0$,则在定尺上会感应出电动势

$$U_\mathrm{d} = kU_\mathrm{m}\sin\Delta\theta\cos\omega t$$

当 $\Delta\theta$ 很小时,有

$$U_\mathrm{d} \approx kU_\mathrm{m}\Delta\theta\cos\omega t$$

由

$$\Delta\theta = \Delta x$$

式中　Δx——定尺和滑尺的相对位移增量。

则

$$U_\mathrm{d} = kU_\mathrm{m}\Delta x\cos\omega t$$

U_d 的幅值与 Δx 成正比,因此可通过测定 U_d 的幅值来测定位移增量 Δx 的大小。

在幅值工作方式中,每当改变一个 Δx 位移增量,就有误差电压 U_d,当 U_d 超过某一预先整定门槛电平就会产生脉冲信号,并以此来修正励磁信号 U_S、U_C,使误差信号重新降到门槛电平以下(相当于节距零点)。这样就把位移增量转化为数字量,实现了位移测量。

3.3.3　感应同步器测量系统

1. 鉴相测量系统

当感应同步器工作在相位工作方式时,位移指令值是以相位角度值给定的。如果以指令值相位信号作为基准相位信号,给感应同步器滑尺中两绕组供电,则定尺感应电动势相位反映了工作台实际位移,基准相位与感应相位差表明实际位置与指令位置差距,用其作为伺服驱动的控制信号,控制执行元件向减小误差方向移动。

感应同步器鉴相测量系统包括:脉冲-相位变换器、励磁供电线路、测量信号放大器和鉴相器等。其原理框图如图 3-6 所示。

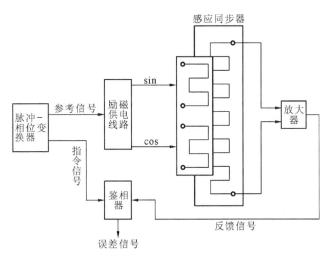

图 3-6　鉴相测量系统原理框图

其中,脉冲-相位变换器的作用是将输入指令脉冲转换成相位值,其原理框图如图 3-7 所示。

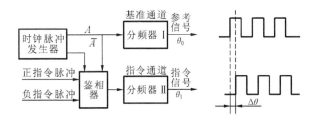

图 3-7　脉冲-相位变换器基本原理框图

基准时钟脉冲发生器产生基准脉冲信号 A:一路进入分频器Ⅰ(基准分频),经 N 分频后产生参考信号方波,与基准信号有确定的相位关系;另一路经脉冲加减器,根据指令正负进行加减,再进入分频器Ⅱ(指令调相分频),经 N 分频后输出指令方波信号。如果没有指令脉冲,由于两分频器具有相同的分频系数,接收 N 个脉冲后,会同时产生方波信号,相位相同。当加入 n 个正指令脉冲时(不允许和基准时钟脉冲重合),由于分频器Ⅰ仍每接收 N 个基准时钟脉冲产生一个矩形波,而指令调相分频器Ⅱ在同一时间内对 $(N+n)$ 个脉冲分频,因而输出 $n+1$ 个矩形波,即后者比前者相位超前 $\Delta\theta$。反之,加入 n 个负指令脉冲,分频器Ⅱ输出 $n-1$ 个矩形波,即后者比前者相位落后 $\Delta\theta$。由此可见分频器Ⅱ输出的矩形波对分频器Ⅰ参考信号的相位有影响。相位移动数值正比于加入进给脉冲数 n,而方向取决于进给脉冲符号。

如果感应同步器节距 $2r=2$ mm,脉冲当量 $\delta=0.001$ mm,即相当于相位移,那么应选择

分频系数 $N=2000$。脉冲加减器是脉冲-相位变换器的关键部分,它具有向基准脉冲中加入或抵消脉冲的作用。图 3-8 所示为一种脉冲加减器,A 及 $\overline{A}$ 为基准脉冲发生器发出的在相位上错开 $180°$ 的两个同频时钟脉冲,A 为主脉冲,通过与非门 I 输出,为加减脉冲同步信号。当没有指令脉冲($\pm X$ 为零)时,与非门 I 开,A 脉冲通过。当有指令脉冲$-X$(指令脉冲与 A 脉冲同步)时,触发器 Q_1 变为"1",接着 Q_2 在上升沿变为"1",Q_2 封锁门 I,扣除一个 A 序列脉冲。如果来一个$+X$指令脉冲,触发器 Q_3 在上升沿变为"1",接着 Q_4 变为"1",打开门 II,使 A 序列脉冲加入一个序列脉冲。

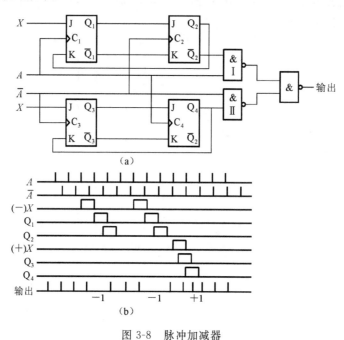

图 3-8　脉冲加减器

(a) 脉冲加减器原理图;(b) 脉冲加减器时序图

　　图 3-7 中,基准通道分频器 I 输出的参考信号作为相位基准供给励磁供电线路,再由励磁供电线路分解成两个相位相差 $90°$ 的方波,经滤波放大得到正弦及余弦励磁电压供给滑尺的两个绕组,如图 3-9 所示。

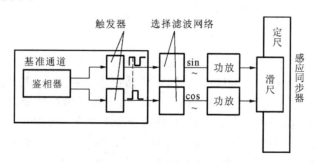

图 3-9　励磁供电线路

　　鉴相器的作用是鉴别指令信号与反馈信号相位,并判断相位差的大小和方向。这里介绍一种使用异或门和 D 触发器组成的鉴相器,如图 3-10 所示。

　　当指令信号 Q_0 与反馈信号 Q 相位相同时,鉴相器 M_1 输出为低电平,D 触发器输出高电平,D 触发器输出表明相位方向,指令信号 Q_0 比反馈信号 Q 超前时,M_1 有脉冲输出,脉冲宽

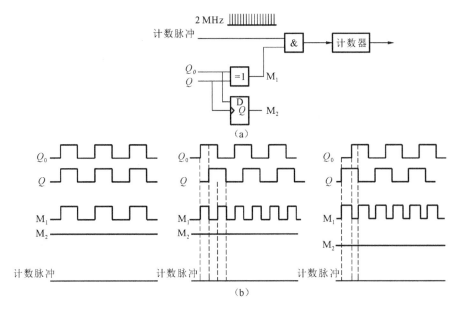

图 3-10　鉴相器工作原理

(a) 鉴相器原理图；(b) Q_0 和 Q 相位相同、Q_0 比 Q 超前和滞后时输入与输出关系

度等于超前时间，D 触发器输出高电平。指令信号 Q_0 比反馈信号 Q 滞后时，M_1 有脉冲输出，D 触发器输出低电平。M_1 输出脉冲宽度为 Q_0 上升沿比 Q 上升沿滞后的时间。

由于 M_1 输出的脉冲宽度反映了 Q_0 和 Q 的相位差，因此可把这个脉冲变换成与脉宽成正比的数字量，用这个数字量作为反馈信号，来控制机床的位移。在图 3-10 中，M_1 和 2 MHz 的时钟脉冲输入到与门的输入端，当 M_1 为高电平时，与门输出时钟脉冲，输出的脉冲数与 M_1 的脉宽成正比，把这个脉冲数用计数器计数，并在每一个插补时间内把计数器的数值作为反馈量供给伺服系统，可实现闭环控制。

2. 鉴幅测量系统

在幅值工作状态下，通过鉴别定尺绕组输出误差信号的幅值，就可进行位移测量。因此在鉴幅测量系统中作为比较器的是鉴幅器，或称门槛电路。

鉴幅测量中，加在滑尺两绕组上的电压满足

$$U_S = U_m \sin\theta_0$$
$$U_C = -U_m \cos\theta_0$$

由于幅值变化与 θ_0 的正、余弦函数有关，所以要不断修正 θ_0。而当定尺和滑尺相对运动时，每移动一个增量距离，测量装置发出一个脉冲，这些脉冲不断自动修改滑尺绕组励磁信号，使 θ 跟随 θ_0 变化。图 3-11 所示为感应同步器测量系统框图，定尺绕组输出误差信号经放大后送给误差变换器。误差变换器的作用是辨别误差方向和产生实际位移脉冲值。误差变换器包含门槛电路，其整定是根据分辨率确定的。例如，若系统分辨率要求 0.01 mm，门槛值应整定在 0.007 mm，即位移 0.007 mm 产生误差信号经放大刚好达到门槛电平。一旦定尺上输出感应电动势超过门槛时，便会产生输出脉冲，这些脉冲一方面作为实际位移值送给脉冲混合器，另一方面作用于正、余弦信号发生器修正其电压幅值，使其满足按 θ_0 正、余弦规律变化。

脉冲混合器将指令脉冲与反馈脉冲比较，得到跟随误差，经 D/A 变换后为模拟信号，控制伺服机构带动工作台移动。

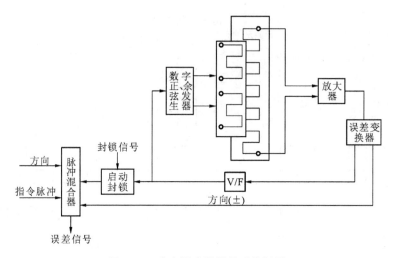

图 3-11　感应同步器测量系统框图

3.4　光栅检测单元

　　光栅种类很多,如图 3-12 所示,其中有物理光栅和计量光栅之分。物理光栅的刻线细而密,栅距(两刻线间的距离)在 0.002～0.005 mm 之间,通常用于光谱分析和光波波长的测定。计量光栅相对来说刻线较粗,栅距在 0.004～0.25 mm 之间,通常用于数字检测系统,用来检测高精度的直线位移和角位移。计量光栅主要用于数控机床的精密检测装置,具有测量精度高、响应速度快、量程宽等特点,是闭环系统中一种用得较多的位置检测装置。

图 3-12　光栅检测装置

3.4.1　光栅的结构和工作原理

　　光栅是一种最常见的测量装置,具有精度高、响应速度快等优点,是一种非接触式测量。光栅利用光学原理进行工作,按形状可分为圆光栅和长光栅。圆光栅用于角位移的检测,长光栅用于直线位移的检测。光栅的检测精度较高,可达 1 μm 以上。

　　光栅是利用光的透射、衍射现象制成的光电检测元件,主要由光栅尺(包括标尺光栅和指示光栅)和光栅读数头(见图 3-13)两部分组成。通常标尺光栅固定在机床的运动部件(如工作台或丝杠)上,光栅读数头安装在机床的固定部件(如机床底座)上,两者随着工作台的移动而相对移动。在光栅读数头中,安装着一个指示光栅,当光栅读数头相对于标尺光栅移动时,指示光栅便在标尺光栅上移动。在安装光栅时,要严格保证标尺光栅和指示光栅的平行度以及两者之间的间隙(一般取 0.05 mm 或 0.1 mm)要求。

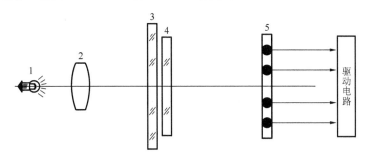

图 3-13　光栅读数头

1—光源;2—透镜;3—标尺光栅;4—指示光栅;5—光敏元件

光栅尺是用真空镀膜的方法刻上均匀密集线纹的透明玻璃片或长条形金属镜面。对于长光栅,这些线纹相互平行,各线纹之间的距离相等,称此距离为栅距。对于圆光栅,这些线纹是等栅距角的向心条纹。栅距和栅距角是决定光栅光学性质的基本参数。常见的长光栅的线纹密度有 25 条/ mm、50 条/ mm、100 条/ mm、250 条/ mm 几种。对于圆光栅:若直径为 70 mm,则一周内刻线 100~768 条;若直径为 110 mm,则一周内刻线达 600~1024 条,甚至更高。同一个光栅元件,其标尺光栅和指示光栅的线纹密度必须相同。

光栅读数头由光源、透镜、标尺光栅、指示光栅、光敏元件和驱动电路组成,如图 3-13 所示。读数头的光源一般采用白炽灯泡。白炽灯泡发出的辐射光线经过透镜后变成平行光束,照射在标尺光栅上。光敏元件是一种将光强信号转换为电信号的光电转换元件,它接收透过光栅尺的光强信号,并将其转换成与之成比例的电压信号。由于光敏元件产生的电压信号一般比较微弱,在长距离传送时很容易被各种干扰信号所淹没、覆盖,造成传送失真。为了保证光敏元件输出的信号在传送中不失真,应首先将该电压信号进行功率和电压放大,然后再进行传送。驱动电路就是实现对光敏元件输出信号进行功率和电压放大的电路。

如果将指示光栅在其自身的平面内转过一个很小的角度 β,使两块光栅的刻线相交,当平行光线垂直照射标尺光栅时,则在相交区域出现明暗交替、间隔相等的粗大条纹,称为莫尔条纹。由于两块光栅的刻线密度相等,即栅距 λ 相等,使产生的莫尔条纹的方向与光栅刻线方向大致垂直,其几何关系如图 3-14(b)所示。当 β 很小时,莫尔条纹的节距为

$$p = \frac{\lambda}{\beta}$$

这表明,莫尔条纹的节距是栅距的 $1/\beta$ 倍。当标尺光栅移动时,莫尔条纹就沿与光栅移动方向垂直的方向移动。当光栅移动一个栅距 λ 时,莫尔条纹就相应准确地移动一个节距 p,也就是说,两者一一对应。因此,只要读出移过莫尔条纹的数目,就可知道光栅移过了多少个栅距。而栅距在制造光栅时是已知的,所以光栅的移动距离就可以通过光电检测系统对移过的莫尔条纹进行计数、处理后自动测量出来。光栅的刻线为 100 条,即栅距为 0.01 mm,人们是无法用肉眼来分辨的,但它的莫尔条纹却清晰可见。所以莫尔条纹是一种简单的放大机构,其放大倍数取决于两光栅刻线的交角 β,如 $\lambda=0.01$ mm,$p=5$ mm,则其放大倍数为 $1/\beta=p/\lambda=500$ 倍。这种放大特点是莫尔条纹系统的独具特性。莫尔条纹还具有平均误差的特性。

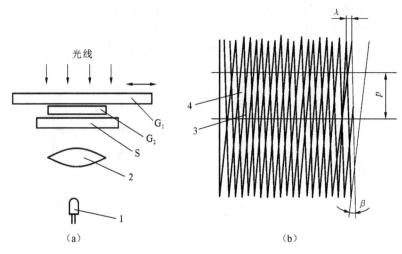

图 3-14　光栅的工作原理

(a) 工作原理；(b) 几何关系

1—光电管；2—透镜；3—暗条；4—明条；S—标尺光栅；G_1—指示光栅；G_2—光敏元件

3.4.2　光栅检测装置的特点

（1）由于光栅的刻线可以制作得十分精确，同时莫尔条纹对刻线局部误差有均化作用，因此，栅距误差对测量精度影响很小；也可采用倍频的方法来提高分辨率精度，所以测量精度高。

（2）在检测过程中，标尺光栅与指示光栅不直接接触，没有磨损，因而精度可以长期保持。

（3）光栅刻线要求很精确，两光栅之间的间隙及倾角都要求保持不变，故制造调试比较困难。另外光学系统很容易受外界的影响产生误差，灰尘、冷却液等污物的侵入，易使光学系统污染甚至变质。为了保证精度和光电信号的稳定，光栅和读数头都应放在密封的防护罩内，它们对工作环境的要求也较高，测量精度高的都放在恒温室中使用。

3.5　磁栅检测单元

磁尺测量装置如图 3-15 所示，磁栅检测是用磁性标尺代替光栅，用电磁方法计磁波数目的一种测量方法。

图 3-15　磁尺测量装置

3.5.1　磁尺测量装置的组成和工作原理

磁尺测量装置由磁性标尺、读取磁头和检测线路组成。

磁性标尺是在非导磁材料的基体上,涂敷或镀上一层很薄的磁膜(导磁材料),在磁膜上记录一定波长的矩形波或正弦波,以此作为测量的基准刻度,磁化信号的节距(周期)一般有 0.05 mm、0.10 mm、0.20 mm、1 mm 等几种。

读取磁头是进行磁-电转换的变换器,它把记录在磁性标尺上的磁化信号检测出来送至检测线路,其原理与录音磁带相同,但录音磁带的磁头(称为速度响应型磁头,见图 3-16(a)),只有在磁头和磁带之间有一定相对运动速度时,才能检测出磁化信号,这种磁头只能用于动态测量。而检测数控机床位置时,阅读速度是各种各样的,在低速甚至静止时也必须能够进行阅读,为此采用磁通响应型磁头,如图 3-16(b)所示,磁通响应型磁头是在速度响应型磁头的铁芯回路中,加入带有励磁线圈的饱和铁芯,在励磁线圈中通以高频励磁电流,使读取线圈的输出信号振幅受到调制。

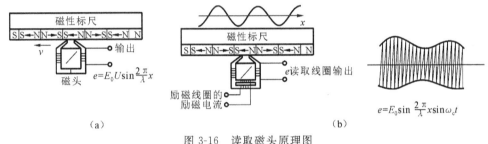

图 3-16　读取磁头原理图

(a) 速度响应型磁头；(b) 磁通响应型磁头

在图 3-16(b)中,有两个磁回路:一个是绕有励磁线圈的密封磁回路,称为励磁回路;另一个是绕有读取线圈的磁回路,称为读取回路。后一个磁回路中的磁通受磁尺间的漏磁大小和励磁回路磁饱和状态影响。当励磁回路的铁芯处在磁饱和状态时,铁芯磁阻无穷大,无论磁尺的漏磁有多大,读取回路都无磁力线通过,这时无输出信号。当励磁电流处在峰值时,励磁回路处在磁饱和状态,这时输出为零;当励磁电流从峰值变到零时,读取回路能够检测到磁尺上的漏磁,线圈的输出端有输出。

磁尺上的漏磁是按正弦规律变化的,若磁化节距为 λ,最大漏磁为 φ_0,则 x 处的漏磁 φ 为

$$\varphi = \varphi_0 \sin x$$

励磁电流的频率通常是 5 kHz,在每一周期内有正负两个峰值,两次为零,因此读取漏磁信号的频率是励磁频率的 2 倍,而读取信号的幅值与磁尺进入磁头的漏磁大小有关。若用 ω_c 表示励磁电流两倍频,I_0 为励磁电流幅值,则励磁电流 $I = I_0 \sin t$,磁通的变化规律与电流的变化规律相同。

磁头上读取线圈的输出电压 e 的波形如图 3-16(b)的右图所示,其值为

$$e = E_0 \sin \frac{2\pi}{\lambda} x \sin \omega_c t$$

式中　E_0——输出电压幅值。

鉴幅检测电路中的两组磁头通以同频、同相、同幅值的励磁电流,由于两组磁头的安装位置相差 $n + \lambda$(n 为正整数),因此检波整形后的方波相差 90°相位。将其中一组方波微分变成脉冲信号,另一组方波作为与门的开门信号送入计数器计数,则可把检测信号数字化。鉴幅电路检测的脉冲数等于磁头在磁尺上移过的节距数。其分辨率受录磁节距限制,为进一步提高分

辨率,可用倍频电路。

图 3-17 所示为鉴相检测电路,两磁头的安装距离与鉴幅检测电路的相同,相差 $n+\lambda$,两组磁头通以同频等幅但相位相差 $\pi/4$ 的励磁交流电。两组磁头的励磁电流 I_1、I_2 分别为

$$I_1 = I_0 \sin t$$
$$I_2 = I_0 \sin(t - 45°)$$

两组磁头的输出电压分别为

$$e_1 = E_0 \sin x \cos \omega_c t$$
$$e_2 = E_0 \cos x \sin \omega_c t$$

式中 x——标尺相对磁头的移动距离。

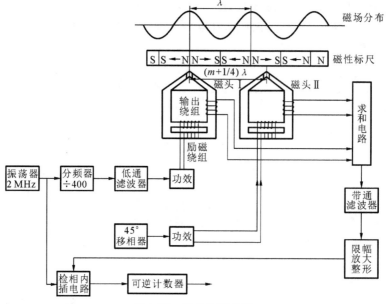

图 3-17 鉴相检测电路

e_1、e_2 在求和的电路中相加得

$$e = e_1 + e_2 = E_0 \sin(\omega_c t + x)$$

电压 e 的相位与 x 有关,将它放大整形变成方波后,进入鉴相电路。在鉴相电路中,把它和基准方波的相位相比较,若相位不同,则在两方波的上升沿之间插入频率为 2 MHz 的脉冲,如图 3-18 所示。两波相位相差越大,则插入脉冲越多。两波相位差为零,则无插入脉冲,这样

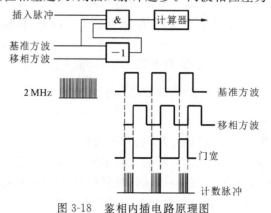

图 3-18 鉴相内插电路原理图

就可检测位移量 x 的值,检测精度可达 $1{\sim}0.1~\mu m$。

3.5.2　多间隙磁通响应型磁头

如果用一个磁通响应型磁头读取磁尺上的磁化信号,输出信号往往很微弱,且由于磁膜的非线性,往往难以实现。将几个磁头串联起来组成多间隙磁通响应型磁头,如图 3-19 所示,以提高输出信号幅度,提高测量分辨率及准确性。

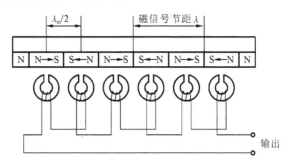

图 3-19　多间隙磁通响应型磁头工作原理图

3.6　脉冲编码器

脉冲编码器又称旋转编码器,如图 3-20 所示,是一种旋转式的角位移检测装置,也是一种光学式位置检测元件,在数控机床中得到了广泛的使用。编码盘直接装在旋转轴上,随被测轴一起转动,以测出轴的旋转角度位置和速度变化。其输出信号为电脉冲。这种检测方式的特点是:检测方式是非接触式的,无摩擦和磨损,驱动力矩小;由于光电变换器性能的提高,可得到较快的响应速度;由于照相腐蚀技术的提高,可以制造高分辨率、高精度的光电盘,母盘制作后,复制很方便,且成本低。其缺点是抗污染能力差,容易损坏。按照编码化的方式,可分为增量式和绝对值式两种。

图 3-20　脉冲编码器

3.6.1　增量式编码器

常用的增量式旋转编码器为增量式光电编码器,其原理如图 3-21 所示。

增量式光电编码器检测装置由光源、聚光镜、光栅盘、光栅板、光电管、信号处理电路等组成。光栅盘和光栅板用玻璃研磨抛光制成,在真空中为玻璃的表面镀上一层不透明的铬,然后用照相腐蚀法,在光栅盘的边缘上开有间距相等的透光狭缝。在光栅板上制成两条狭缝,每条狭缝的后面对应安装一个光电管。

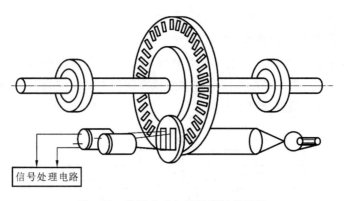

图 3-21　增量式光电编码器示意原理

　　当光栅盘随被测工作轴一起转动时,每转过一个缝隙,光电管就会感受到一次光线的明暗变化,使光电管的电阻值改变,这样就把光线的明暗变化转变成电信号的强弱变化,而这个电信号的强弱变化近似于正弦波的信号,经过整形和放大等处理,变换成脉冲信号。通过计数器计量脉冲的数目,即可测定旋转运动的角位移;通过计量脉冲的频率,即可测定旋转运动的转速,测量结果可以通过数字显示装置进行显示或直接输入到数控系统中。

　　如图 3-22 所示,实际应用的光电编码器的光栅板上有两组条纹 A、$\overline{A}$ 和 B、$\overline{B}$,A 组与 B 组的条纹彼此错开 1/4 节距,两组条纹相对应的光敏元件所产生的信号彼此相差 90°相位,用于辨向。

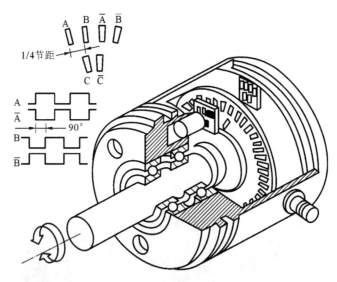

图 3-22　增量式光电编码器外形结构图

　　此外,在光电码盘的里圈里还有一条透光条纹 C(零标志刻线),用以每转产生一个脉冲,该脉冲信号又称零标志脉冲,作为测量基准。

　　如图 3-23 所示,通过光栅板两条狭缝的光信号 A 和 B,相位角相差 90°,通过光电管转换并经过信号的放大整形后,成为两相方波信号。根据先后顺序,即可判断光电盘的正反转。若 A 相超前于 B 相,对应电动机正转;若 B 相超前 A 相,对应电动机反转。光电编码器的测量精度取决于它所能分辨的最小角度,而这与光栅盘圆周的条纹数有关,即分辨角 $\alpha=360°$/条纹,如果条纹数为 1024,则分辨角 $\alpha=360°/1024=0.352°$。

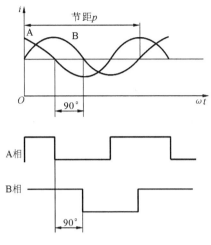

图 3-23　光电编码器的输出波形

3.6.2　绝对值式编码器

用增量式编码器的缺点是有可能由于噪声或其他外界干扰产生计数错误。若因停电、刀具破损而停机,事故排除后不能再找到事故前执行部件的正确位置。采用绝对值式编码器可以克服这些缺点。这种编码器是通过读取编码盘上的图案来表示数值的。图 3-24(a)所示为二进制编码盘,图中空白的部分透光,用"0"表示,涂黑的部分不透光,用"1"表示。按照圆盘上形成二进制的每一环配置光电变换器,即图中用黑点所示位置。隔着圆盘从后侧用光源照射。此编码盘共有四环,每一环配置的光电变换器对应为 2^0、2^1、2^2、2^3。图中里侧是二进制的高位即 2^3,外侧是低位,如二进制的"1101",读出的是十进制"13"的角度坐标值。二进制编码器的主要缺点是图案转移点不明确,将在使用中产生较多的误读。经改进后的结构如图 3-24(b)所示的格雷码编码盘,它的特点是每相邻十进制数之间只有一位二进制码不同。因此,图案的切换只用一位数(二进制的位)进行。所以能把误读控制在一个数单位之内,提高了可靠性。

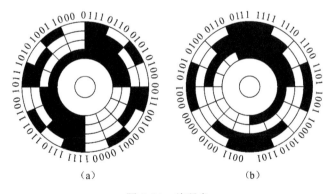

图 3-24　编码盘

(a)二进制编码盘;(b)格雷码编码盘

绝对值式编码器比增量式具有许多优点:坐标值从绝对编码盘中直接读出,不会有累积进程中的误计数,运转速度可以提高,编码器本身具有机械式存储功能。即使因停电或其他原因造成坐标值清除,通电后,仍可找到原绝对坐标位置。其缺点是当进给转数大于一转,需作特别处理,而且必须用减速齿轮将两个以上的编码器连接起来,组成多级检测装置,使其结构复杂、成本高。

习　题

3-1　检测装置在数控机床中的作用是什么？

3-2　检测装置分成几类？它们各自的特点是什么？

3-3　何谓绝对式测量和增量式测量、间接测量和直接测量？

3-4　直线光栅的工作原理是什么？光栅测量有何特点？

3-5　说明电脉冲编码器的结构、工作原理及其应用场合。

3-6　透射光栅中莫尔条纹有何特点？为什么实际测量时利用莫尔条纹进行测量？

3-7　试说明磁栅的工作原理。

3-8　用光电编码器测某轴的转速，2 min 测得 17800 个脉冲，已知编码器每转 950 个脉冲，则轴的转速是多少？

第 4 章 数控插补原理

本 章 要 点

本章着重介绍数控机床各种插补算法的插补原理。

4.1 数控插补原理概述

在数控机床加工过程中,刀具或工件的最小位移量是机床坐标轴运动的一个分辨单位,由检测装置识别,在开环系统中称为脉冲当量,在闭环系统中称为分辨率。因此,刀具的运动轨迹在微观上是由一系列小直线段构成的折线,不是绝对地沿着刀具所要求的零件轮廓形状运动,只能用一系列折线逼近所要求的轮廓曲线。数控系统根据相应算法计算确定刀具运动轨迹,进而产生基本轮廓形状曲线,如直线、圆弧等。那么对于一些复杂曲线的加工,则需要用基本轮廓形状曲线近似逼近生成,通常称这种拟合方法为"插补"(interpolation)。由此可见,"插补"实际上是数控系统利用零件轮廓线型的有限信息(如直线的起点、终点,圆弧的起点、终点和圆心等),计算出刀具的一系列加工位置点,完成数据"密化"工作。插补主要完成以下两个工作:一是产生基本线型,二是用基本线型拟合其他复杂轮廓曲线。插补运算具有实时性,应满足刀具运动实时控制的要求,其运算速度和精度将直接影响数控系统的性能指标。

数控系统中完成插补运算的装置或程序称为插补器,根据插补器的结构可分为硬件插补器、软件插补器和软硬件结合插补器三种类型。早期 NC 系统的插补运算由硬接线的数字电路装置来完成,称为硬件插补,其结构复杂,成本较高。在 CNC 系统中插补功能一般由计算机程序来完成,称为软件插补。由于硬件插补具有运算速度快的特点,为了满足插补速度和精度的要求,现代 CNC 系统也有采用硬件与软件相结合的方法,由软件完成粗插补,由硬件完成精插补。

由于直线和圆弧是构成零件轮廓的基本线型,因此 CNC 系统一般都具有直线插补和圆弧插补基本类型。在三轴联动以上的 CNC 系统中,一般还具有螺旋线插补和其他线型插补功能。为了方便对各种曲线、曲面直接加工,人们一直致力于研究各种曲线的插补功能,在一些高端 CNC 系统中,已经出现了抛物线插补、渐开线插补、正弦线插补、样条曲线插补、球面螺旋线插补及曲面直接插补等功能。

插补运算所采用的原理和方法很多,一般可归纳为基准脉冲插补和数据采样插补两大类。

4.2 基准脉冲插补

基准脉冲插补又称脉冲增量插补或行程标量插补,其特点是每次插补结束仅向各运动坐标轴输出一个控制脉冲,因此各坐标仅产生一个脉冲当量或行程的增量。脉冲序列的频率代表坐标运动的速度,而脉冲的数量代表运动位移的大小。这类插补运算简单,容易用硬件电路来实现,早期 NC 系统采用这种方法实现硬件插补。现代 CNC 系统中可以用软件来实现原来的硬件插补功能,但仅适用于一些中等速度和中等精度的系统,目前主要用于步进电动机驱动的开环系统,也有数控系统将其用作数据采样插补中的精插补。

基准脉冲插补的方法很多,如逐点比较法、数字积分法、脉冲乘法器、矢量判别法、比较积分法、最小偏差法、单步追踪法等。应用较多的是逐点比较法和数字积分法。

4.2.1　逐点比较法

1.逐点比较法的原理与特点

逐点比较法的基本原理:在刀具按要求的轨迹运动加工零件轮廓的过程中,不断地比较刀具与被加工零件轮廓之间的相对位置,并根据比较结果决定下一步的进给方向,使刀具沿着坐标轴向减小偏差的方向进给,且只有一个方向的进给。也就是说,逐点比较法每一步均要比较加工点瞬时坐标与规定零件轮廓之间的距离,依此决定下一步的走向,如果加工点走到轮廓外面去了,则下一步要朝着轮廓内部走;如果加工点处在轮廓的内部,则下一步要向轮廓外面走,以缩小偏差,周而复始,直至全部结束,从而获得一个非常接近于数控加工程序规定轮廓的刀具中心轨迹。

逐点比较法既可实现直线插补,也可实现圆弧插补。其特点是运算简单直观,插补过程的最大误差不超过一个脉冲当量,输出脉冲均匀,而且输出脉冲速度变化小,调节方便。但不易实现两坐标以上的联动插补。因此,在两坐标数控机床中应用较为普遍。

一般来讲,逐点比较法插补过程每一步都要经过以下四个工作节拍。

1)偏差判别

判别刀具当前位置相对于给定轮廓的偏差情况,即通过偏差值符号确定加工点处在理想轮廓的哪一侧,并以此决定刀具进给方向。

2)坐标进给

根据偏差判别结果,控制相应坐标轴进给步骤,使加工点向理想轮廓靠拢,从而减小其间的偏差。

3)偏差计算

刀具进给一步后,针对新的加工点计算出能反映其偏离理想轮廓的新偏差,为下一步偏差判别提供依据。

4)终点判别

每进给一步后都要判别刀具是否达到被加工零件轮廓的终点,若到达了则结束插补,否则继续重复上述四个节拍插补工作流程的工作,直至终点为止。

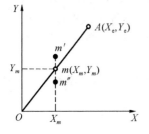

图 4-1　加工第一象限的直线 OA

取

2.直线插补计算原理

1)偏差计算公式

假定加工如图 4-1 所示第一象限的直线 OA。取直线起点为坐标原点,直线终点坐标(X_e,Y_e)是已知的。$m(X_m,Y_m)$为加工点(动点),如果 m 在 OA 直线上,则根据相似三角形的关系可得

$$\frac{X_m}{Y_m}=\frac{X_e}{Y_e}$$

$$F_m = Y_m X_e - X_m Y_e \tag{4-1}$$

作为直线插补的偏差判别式。

若 $F_m = 0$，则表示 m 点在直线 OA 上；

若 $F_m > 0$，则表示 m 点在直线 OA 上方的 m' 处；

若 $F_m < 0$，则表示 m 点在直线 OA 下方的 m'' 处。

对于第一象限直线从起点（即坐标原点）出发，当 $F_m \geq 0$ 时，沿正 X 轴方向走一步，当 $F_m < 0$ 时，沿正 Y 方向走一步，当两个方向所走的步数与终点坐标 (X_e, Y_e) 相等时，发出到达终点信号，停止插补。

设在某加工点处，有 $F_m \geq 0$ 时，应沿 $+X$ 方向进给一步，走一步后新的坐标值为

$$X_{m+1} = X_m + 1, \quad Y_{m+1} = Y_m$$

新的偏差为

$$F_{m+1} = Y_{m+1} X_e - X_{m+1} Y_e = F_m - Y_e \tag{4-2}$$

若 $F_m < 0$ 时，应沿 $+Y$ 方向进给一步，走一步后新的坐标值为

$$X_{m+1} = X_m, \quad Y_{m+1} = Y_m + 1$$

新的偏差为

$$F_{m+1} = F_m + X_e \tag{4-3}$$

式(4-2)、式(4-3)为简化后的偏差计算公式，在公式中只有加、减运算，只要将前一点的偏差值与等于常数的终点坐标值 X_e、Y_e 相加或者相减，即可得到新的坐标点的偏差值。加工的起点是坐标原点，起点的偏差是已知的，即 $F_0 = 0$，这样，随着加工点前进，新加工点的偏差 F_{m+1} 都可以由前一点的偏差 F_m 和终点坐标相加或相减得到。

2）终点判别法

逐点比较法的终点判断有多种方法，下面介绍两种。

（1）第一种方法　设置 X、Y 两个减法计数器，加工开始前，在 X、Y 计数器中分别存入终点坐标值 X_e、Y_e，在 X 坐标（或 Y 坐标）进给一步时，就在 X 计数器（或 Y 计数器）中减去 1，直到这两个计数器中的数都减到零时，便到达终点。

（2）第二种方法　用一个终点计数器，寄存 X 和 Y 两个坐标，从起点到达终点的总步数 Σ；X、Y 坐标每进给一步，Σ 减去 1，直到 Σ 为零时，就到了终点。

3）插补计算过程

进行插补计算时，每走一步，都要进行以下四个步骤（又称四个节拍）的逻辑运算和算术运算，即：偏差判别，坐标进给，偏差计算，终点判别。

4）不同象限的直线插补计算

上面讨论的为第一象限的直线插补计算方法，其他三个象限的直线插补计算法，可以用相同的原理获得，表 4-1 列出了四个象限的直线插补时，其偏差计算公式和进给脉冲方向。计算时，公式中 X_e、Y_e 均用绝对值。

表 4-1　不同象限的直线插补计算

	象限	$F_m \geq 0$，进给方向	$F_m < 0$，进给方向	偏差计算公式
	Ⅰ	$+\Delta X$	$+\Delta Y$	
	Ⅱ	$-\Delta X$	$+\Delta Y$	$F_m \geq 0$ 时，$F_{m+1} = F_m - Y_e$
	Ⅲ	$-\Delta X$	$-\Delta Y$	$F_m < 0$ 时，$F_{m+1} = F_m + X_e$
	Ⅳ	$+\Delta X$	$-\Delta Y$	

3.圆弧插补计算原理

1）偏差计算公式

下面以第一象限逆圆为例讨论偏差计算公式。如图 4-2 所示，设需加工圆弧 AB，圆弧的

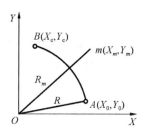

图 4-2　以第一象限逆圆为例讨论
偏差计算公式

圆心在坐标原点，已知圆弧的起点为 $A(X_0,Y_0)$，终点为 $B(X_e,Y_e)$，圆弧半径为 R。令瞬时加工点为 $m(X_m,Y_m)$，它与圆心的距离为 R_m。比较 R_m 和 R 来反映加工偏差。

$$R_m^2 = X_m^2 + Y_m^2, \quad R^2 = X_0^2 + Y_0^2$$

因此，可得圆弧偏差判别式为

$$F_m = R_m^2 - R^2 = X_m^2 + Y_m^2 - R^2$$

若 $F_m=0$，则表示加工点 m 在圆弧上；$F_m>0$，则表示加工点 m 在圆弧外；$F_m<0$，则表示加工点 m 在圆弧内。

设加工点正处在 $m(X_m,Y_m)$ 点，其判别式为 $F_m = X_m^2 + Y_m^2 - R^2$，若 $F_m>0$，对于第一象限的逆圆，为了逼近圆弧，应沿 $-X$ 方向给进一步，到 $m+1$ 点，其坐标值为 $X_{m+1}=X_m+1$，$Y_{m+1}=Y_m$。新加工点的偏差为

$$F_{m+1} = X_{m+1}^2 + Y_{m+1}^2 - R^2 = F_m - 2X_m + 1 \tag{4-4}$$

若 $F_m<0$，为了逼近圆弧应沿 $+Y$ 方向给进一步，到 $m+1$ 点，其坐标值为 $X_{m+1}=X_m$，$Y_{m+1}=Y_m+1$，新加工点的偏差为

$$F_{m+1} = X_{m+1}^2 + Y_{m+1}^2 - R^2 = F_m + 2Y_m + 1 \tag{4-5}$$

由式(4-4)和式(4-5)可知，只要知道前一点的偏差，就可求出新的一点的偏差，因为加工是从圆弧的起点开始，起点的偏差 $F_0=0$，所以新加工点的偏差总可以根据前一点的数据计算出来。

2）终点判别法

圆弧插补的终点判断方法和直线插补的相同。可将从起点到达终点 X、Y 轴的步数的总和 $\sum$ 存入一个计数器，每走一步，从 $\sum$ 中减去 1，当 $\sum=0$ 时发出终点到达信号。

3）插补计算过程

圆弧插补计算过程和直线插补计算过程相同，但是偏差计算公式不同，而且在偏差计算的同时还要进行动点瞬时坐标值的计算，以便为下一点的偏差计算做好准备。

4）四个象限圆弧插补计算公式

圆弧所在象限不同，顺逆不同，则插补计算公式和进给方向也不同。归纳起来共有 8 种情况，这 8 种情况的进给脉冲方向和偏差计算公式见表 4-2，表中的 X_m、Y_m、X_{m+1}、Y_{m+1} 都是动点坐标的绝对值。

表 4-2　四个象限圆弧插补计算公式

象限	$F_m \geq 0$，进给方向	$F_m < 0$，进给方向	偏差计算公式
I	$+\Delta X$	$+\Delta Y$	$F_m \geq 0$ 时，$F_{m+1}=F_m-2Y_m+1$　$Y_{m+1}=Y_m-1$　$F_m<0$ 时，$F_{m+1}=F_m+2X_m+1$　$X_{m+1}=X_m+1$
II	$-\Delta X$	$+\Delta Y$	
III	$-\Delta X$	$-\Delta Y$	
IV	$+\Delta X$	$-\Delta Y$	

左图象限示意：
$F_m<0,+\Delta Y$　　$F_m\geq0,-\Delta Y$
$F_m\geq0,+\Delta X$　　$F_m<0,+\Delta X$
$F_m<0,-\Delta X$　　$F_m\geq0,-\Delta X$
$F_m\geq0,+\Delta Y$　　$F_m<0,-\Delta Y$

续表

		象限	$F_m \geq 0$, 进给方向	$F_m < 0$, 进给方向	偏差计算公式
		I	$+\Delta X$	$+\Delta Y$	$F_m \geq 0$ 时, $F_{m+1} = F_m - 2X_m + 1$ $X_{m+1} = X_m - 1$
		II	$-\Delta X$	$+\Delta Y$	
		III	$-\Delta X$	$-\Delta Y$	$F_m < 0$ 时, $F_{m+1} = F_m + 2Y_m + 1$ $Y_{m+1} = Y_m + 1$
		IV	$+\Delta X$	$-\Delta Y$	

4.2.2　数字积分插补法

数字积分插补法是在数字积分器基础上建立起来的一种插补法,下面先介绍数字积分器的工作原理,然后介绍应用数字积分器原理构成的直线插补计算法和圆弧插补计算法。

1. 数字积分器的工作原理

设有一函数 $Y = f(t)$,如图 4-3 所示,需求出曲线下面 t_0 到 t_n 区间的面积,一般应用如下的积分公式

$$S = \int_{t_0}^{t_n} Y \mathrm{d}t$$

图 4-3　$Y = f(t)$ 函数

若将 Δt_i 取得足够小,曲线下面的面积可以近似地看成许多小长方形面积之和,即

$$S = \sum_{i=0}^{n-1} Y_i \Delta t_i$$

如果将 Δt_i 取为一个单位时间(如等于一个脉冲周期时间)则有

$$S = \sum_{i=0}^{n-1} Y_i$$

因此,在求积分运算时,可以转化成函数值的累加运算,如果所取的 Δt_i 足够小,则用求和运算代替积分运算所引起的误差,可以不超过容许值。

图 4-4 绘出实现这种累加运算的基本逻辑图。它由函数值寄存器、与门、累加器及计数器等部分组成。对于每来

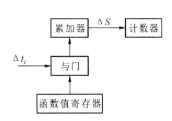

图 4-4　累加运算的基本逻辑图

一个 Δt_i 脉冲,与门打开一次,便将函数值寄存器中的函数值送往累加器相加一次。若累加器的容量取为一个单位面积值,当累加和超过累加器的容量时,便向面积寄存器溢出一个脉冲,表示获得一个单位面积,面积寄存器累计溢出脉冲,累加结束后,面积寄存器的计数值就是面积积分的近似值。

2. 数值积分法直线插补

设在 X、Y 平面中有一条直线 OA,其起点为坐标原点 O,终点 A 的坐标为(X_e,Y_e),则该直线方程为

$$Y = \frac{X_e}{Y_e}X \tag{4-6}$$

对式(4-6)微分,得

$$\frac{dY}{dt}\bigg/\frac{dX}{dt} = \frac{X_e}{Y_e} \tag{4-7}$$

将 X、Y 化为对时间 t 的参量方程。根据式(4-7),有

$$\frac{dX}{dt} = kX_e, \quad \frac{dY}{dt} = kY_e \tag{4-8}$$

式中　k——比例系数。

积分式(4-8),即可得 X、Y 对 t 的参量方程为

$$X = \int kX_e dt = F_1(t), \quad Y = \int kY_e dt = F_2(t) \tag{4-9}$$

数字积分法是求式(4-9)在 O 到 A 区间的定积分。显然,此积分值应等于由 O 到 A 的坐标增量。由于积分是从原点开始的,故此坐标增量实际上就是终点坐标,用累加来代替积分,应有

$$\int_{t_0}^{t_n} kX_e dt = X_e = \sum_{i=0}^{n-1} kX_e \Delta t_i, \quad \int_{t_0}^{t_n} kY_e dt = Y_e = \sum_{i=0}^{n-1} kY_e \Delta t_i \tag{4-10}$$

式中　t_0——对应于起点时间;

t_n——对应于终点时间,取 $\Delta t=1$,则式(4-10)可写成

$$X_e = \sum_{i=0}^{n-1} \Delta X = kX_e \sum_{i=0}^{n-1} 1 = kX_e n, \quad Y_e = \sum_{i=0}^{n-1} \Delta Y = kY_e \sum_{i=0}^{n-1} 1 = kY_e n \tag{4-11}$$

由此可见,比例系数和累加次数 n 之间关系为

$$kn = 1, \quad n = \frac{1}{k}$$

选择 k 时主要考虑每次增量 ΔX、ΔY 不大于1,即

$$\begin{cases} \Delta X = kX_e < 1 \\ \Delta Y = kY_e < 1 \end{cases} \tag{4-12}$$

设函数值寄存器有 N 位,则 X_e、Y_e 的最大寄存容量为 2^N-1,为满足式(4-12)的条件,应有

$$kX_e = k(2^N-1) < 1, \quad kY_e = k(2^N-1) < 1$$

则

$$k < \frac{1}{2^N-1}$$

一般

$$k = \frac{1}{2^N}$$

因 $n = \frac{1}{k}$，故累加次数 $n = 2^N$。

上述关系表明，若累加器的位数为 N，则整个插补过程要进行 2^N 次累加才能到达直线的终点。

式(4-10)表明，可用两个累加器来完成平面直线的插补计算，它们分别对终点坐标值 X_e 或 Y_e 进行累加，累加器每溢出一个脉冲，指令相应的坐标进给一步，则机床进给运动的轨迹就是接近于 OA 的一根直线。当累加 n 次以后，X 轴和 Y 轴所走的步数就正好分别等于各轴的终点坐标 X_e 和 Y_e。

为了保证每次累加最多只溢出一个脉冲，累加器的位数和 X_e、Y_e 寄存器的位数应相同，其位长取决于最大加工尺寸和精度。

当寄存器和累加器的位数较长而加工尺寸较短的直线时，就会出现累加很多次才能溢出一个脉冲，这样进给速度就会很慢，以致影响生产率。为此，可在编程时将 X_e、Y_e 同时放大 2^m 倍或改变寄存器的容量，即改变溢出脉冲的位置来提高进给速度。但必须注意，这时终点判断必须进行相应的改变；否则，积分完成后，溢出脉冲总数就不等于终点坐标了。当 X_e、Y_e 放大 2^m 倍或者将溢出脉冲的位置右移了 m 位，则累加次数应减少到 $n/2^m = 2^N/2^m = 2^{N-m}$ 次。

分析归纳上述讨论可知：

① 可以用两套数字积分器构成平面直线插补器。两个函数值寄存器中分别存放的被积函数，即直线的终点坐标值 X_e、Y_e 在插补过程中保持不变；

② 每个累加器对被积函数累加 2^N 次后，其溢出脉冲的总数等于终点坐标值；

③ 累加器中溢出脉冲的快慢与被积函数大小成正比，而与寄存器的位数成反比；

④ 如果将符号和数据分开，将数据的绝对值作为被积函数，而将符号作为进给方向控制信号处理，便可对所有不同象限的直线进行插补；

⑤ 只要增加一套数字积分器，就可以实现空间直线的插补。这说明积分法插补的灵活性高，易于实现多坐标空间直线插补。

采用数字积分法插补第一象限，直线插补的程序流程图如图 4-5 所示。

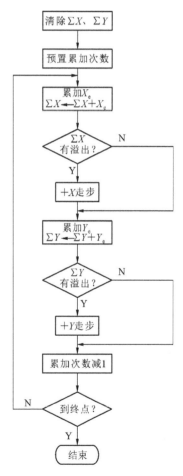

图 4-5　直线插补的程序流程图

3. 数字积分法圆弧插补

以第一象限逆圆为例来讨论圆弧插补原理(见图 4-6)。

以坐标原点为圆心，R 为半径的圆方程式为

$$X^2 + Y^2 = R^2$$

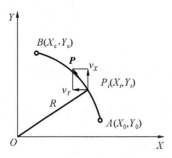

图 4-6　以第一象限逆圆为例讨论圆弧插补原理

求导得

$$2X\frac{\mathrm{d}X}{\mathrm{d}t} + 2Y\frac{\mathrm{d}Y}{\mathrm{d}t} = 0$$

因此

$$\frac{\mathrm{d}Y}{\mathrm{d}t} \bigg/ \frac{\mathrm{d}X}{\mathrm{d}t} = -\frac{X}{Y} \qquad (4\text{-}13)$$

式中：$\frac{\mathrm{d}Y}{\mathrm{d}t} = v_Y$，$\frac{\mathrm{d}X}{\mathrm{d}t} = v_X$ 为圆上动点 $P_i(X_i, Y_i)$ 在 X、Y 方向的瞬时速度分量。式(4-13)表明，在加工圆弧时，二轴方向的分速度与该点坐标绝对值成反比。

将式(4-13)写成参变量方程式

$$\frac{\mathrm{d}X}{\mathrm{d}t} = kY_i, \qquad \frac{\mathrm{d}Y}{\mathrm{d}t} = -kX_i \qquad (4\text{-}14)$$

式中　k——比例系数。

对式(4-14)求在 A 到 B 区间的定积分，其积分值应等于 A 到 B 的坐标增量，用累加代替积分并设 t_0 为对应于起点 A 的时间，并取 $t_0 = 0$；t_n 为对应于到达终点 B 的时间，则有

$$\begin{cases} k\displaystyle\int_{t_0}^{t_n} Y_i \mathrm{d}t = X_e - X_0 \approx k\sum_{i=0}^{n-1} Y_i \Delta t_i \\ -k\displaystyle\int_{t_0}^{t_n} X_i \mathrm{d}t = Y_e - Y_0 \approx -k\sum_{i=0}^{n-1} X_i \Delta t_i \end{cases} \qquad (4\text{-}15)$$

按式(4-15)，圆弧插补和直线插补相似，也可用两套数字积分器来完成。但圆弧插补积分器和直线插补积分器相比较有以下不同之处。

(1) X 坐标值(X_i)累加的溢出脉冲作为 Y 轴的进给脉冲、而 Y 轴坐标值(Y_i)累加的溢出脉冲作为 X 轴的进给脉冲。

(2) X、Y 坐标的函数值寄存器初始时分别存入圆弧的起点坐标 X_0 和 Y_0。在插补过程中，它们随加工点的位置移动，由 $X(Y)$ 坐标的累加器(又称余数寄存器)的溢出脉冲 $\Delta X(\Delta Y)$ 来进行"加 1"或"减 1"修正，即 X、Y 坐标的函数值寄存器的内容是变化的。

(3) 两坐标不一定同时到达终点，故两个坐标方向均需进行终点判断，其条件分别为

$$X = |X_e - X_0|, \quad Y = |Y_e - Y_0|$$

当两坐标都达到终点时才停止插补计算。

数字积分法圆弧插补计算过程对于不同象限、圆弧的不同走向都是相同的，只是溢出脉冲的进给方向为正或为负，以及被积函数 X_i、Y_i 是进行"加 1"修正或"减 1"修正有所不同而已。具体情况列入表 4-3。

表 4-3　数字积分法圆弧插补计算过程

圆 弧 走 向	顺	圆			逆	圆		
所在象限	1	2	3	4	1	2	3	4
Y_i 修正	减	加	减	加	加	减	加	减
X_i 修正	加	减	加	减	减	加	减	加
Y 轴进给方向	$-Y$	$+Y$	$+Y$	$-Y$	$+Y$	$-Y$	$-Y$	$+Y$
X 轴进给方向	$+X$	$+X$	$-X$	$-X$	$-X$	$-X$	$+X$	$+X$

采用数字积分法的圆弧插补运算流程图如图 4-7 所示。

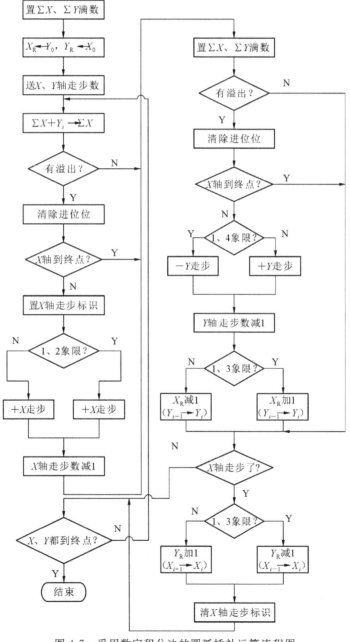

图 4-7　采用数字积分法的圆弧插补运算流程图

4.3　数据采样插补

数据采样插补又称数字增量插补、时间分割插补或时间标量插补,其运算采用时间分割思想,根据编程的进给速度将轮廓曲线分割为每个插补周期的进给直线段(又称轮廓步长),以此逼近轮廓曲线。CNC 系统将轮廓步长分解为各坐标轴的插补周期进给量,作为命令发送给伺服驱动装置。伺服系统按位移检测采样周期采集实际位移量,并反馈给插补器进行比较,完成闭环控制,伺服系统中指令执行过程实质也是数据"密化"工作。闭环或半闭环控制系统都采用数据采样插补方法,它能满足控制速度和精度的要求。数据采样插补方法很多,如直线函数法、扩展数字积分法、二阶递归算法等,但都基于时间分割的思想。

4.3.1　数据采样插补原理及精度分析

1. 数据采样插补原理

对于闭环和半闭环控制的系统,其分辨率较小(≤0.001 mm),运行速度较高,加工速度高达 24 m/min,甚至更高。如果采用基本脉冲插补算法,计算机要执行 20 多条指令,大约需要 40 μs 的时间,结果只产生一个控制脉冲,坐标轴仅能移动一个脉冲当量,以致计算机无法再执行其他任务,因此必须采用数据采样插补。

数据采样插补由粗插补和精插补两个步骤组成。在粗插补阶段(一般数据采样插补都是指粗插补),是采用时间分割思想,根据编程规定的进给速度 F 和插补周期 T,将轮廓形状曲线分割成一段段的轮廓步长 $l(l=FT)$,然后计算出每个插补周期的坐标增量 Δx 和 Δy,进而计算出插补点(即动点)的位置坐标。在精插补阶段,要根据位置反馈采样周期的大小,由伺服系统完成,也可以使用基准脉冲法进行精插补。

2. 插补周期和采样周期

选择合理的插补周期 T 是数据采样插补的一个关键问题。在一个插补周期 T 内,计算机除完成插补运算外,还要执行显示、监控和精插补等实时任务,所以插补周期必须大于插补运算时间与完成其他实时任务时间之和,一般为 8~10 ms,现代数控系统已缩短到 2~4 ms,有的甚至已达到零点几毫秒。此外,插补周期还会对圆弧插补的误差产生影响。

插补周期一定是位置反馈采样周期的整数倍,该倍数等于对轮廓步长实施精插补时的插补点数。

3. 插补精度分析

(1)直线插补时,由于坐标轴的脉冲当量很小,再加上位置检测装置反馈的补偿,可以认为轮廓步长 l 与被加工直线重合,不会产生轨迹误差。

(2)圆弧插补时,一般将轮廓步长 l 作为弦线或割线对圆弧进行逼近,因此存在最大半径误差 e_r,如图 4-8 所示。

采用弦线对圆弧进行逼近时,根据图 4-8(a)可知

$$r^2 - (r-e_r) = \left(\frac{l}{2}\right)^2 \tag{4-16}$$

$$2re_r - e_r^2 = \frac{l^2}{4} \tag{4-17}$$

舍去高阶无穷小 e_r^2,得

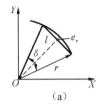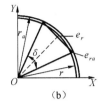

(a)　　　　　　　　　　　　　(b)

图 4-8　弦线、割线逼近圆弧的径向误差

$$e_r = \frac{l^2}{8r} = \frac{(FT)^2}{8r} \tag{4-18}$$

式中　F——进给速度；

　　　T——插补周期。

如图 4-8(b)所示采用理想割线对圆弧进行逼近,割线使得圆弧内外半径误差 e_r 相等,则有

$$(r + e_r)^2 - (r - e_r)^2 = \left(\frac{l}{2}\right)^2 \tag{4-19}$$

求解得到

$$4re_r = \frac{l^2}{4} \tag{4-20}$$

即

$$e_r = \frac{l^2}{16r} = \frac{(FT)^2}{16r} \tag{4-21}$$

当轮廓步长相等时,割线的半径误差是内接弦的二分之一,若令半径误差相等,则割线的轮廓步长 l 或角步距 δ 可以是内接弦的 $\sqrt{2}$ 倍,但由于前者计算复杂,很少应用。

由此可知,圆弧插补时的半径误差 e_r 与圆弧半径 r 成反比,而与插补周期和进给速度 F 的平方成正比。当 e_r 给定时,要得到尽可能大的进给速度 F,则插补周期 T 要尽可能小。

4.3.2　直线函数法插补

1. 直线插补计算过程

如图 4-9 所示,在 Oxy 平面加工直线 OP。直线 OP 的起点在坐标原点,终点 P 的坐标值为 (x_e, y_e),OP 与 x 轴的夹角为 α,插补进给步长为 l,则有

$$\begin{cases} \Delta x = l\cos\alpha \\ \Delta y = \dfrac{y_e}{x_e}\Delta x \end{cases} \tag{4-22}$$

2. 圆弧插补

如图 4-10 所示,顺时针圆弧上的前一插补点为 $A(x_i, y_i)$,后一插补点为 $B(x_{i+1}, y_{i+1})$,插补是指在一个插补周期 T 的时间内,计算出从 A 点到 B 点 x 轴和 y 轴的进给增量 Δx 和 Δy。

图中,弦 AB 是插补时每个周期的进给步长 l,AP 是圆弧在 A 点的切线,交 FB 于 P 点,M 是弦 AB 的中点,OM 垂直于 AB,ME 垂直于 AF,E 为 AF 的中点。圆心角为:$\varphi_{i+1} = \varphi_i + \delta$,是进给步长 l 对应的角增量,称为角步距。

由于 OA 垂直于 AP,有 $\angle AOC = \angle PAF = \varphi_i$,则 $\triangle AOC \backsim \triangle PAF$。

因为 AP 是切线,有 $\angle BAP = \dfrac{1}{2}\angle AOB = \dfrac{1}{2}\delta$

$$\alpha = \angle BAP + \angle PAF = \frac{1}{2}\delta + \varphi_i$$

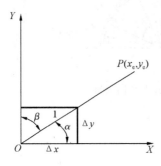

图 4-9　数据采样法直线插补

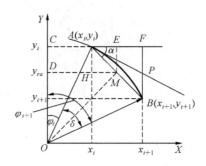

图 4-10　数据采样法圆弧插补

在 $\triangle MOD$ 中，$\tan\left(\varphi_i + \dfrac{\delta}{2}\right) = \dfrac{DH + HM}{OC - CD}$

将 $DH = x_i$，$OC = y_i$，$HM = \dfrac{1}{2}l\cos\alpha = \dfrac{1}{2}\Delta x$。$CD = \dfrac{1}{2}l\sin\alpha = \dfrac{1}{2}\Delta y$ 代入上式，得

$$\tan\alpha = \tan\left(\varphi_i + \frac{\delta}{2}\right) = \frac{x_i + \dfrac{1}{2}l\cos\alpha}{y_i - \dfrac{1}{2}l\sin\alpha} \tag{4-23}$$

由式（4-23）可以看出，$\cos\alpha$ 和 $\sin\alpha$ 是未知数，难以求解，因此采用近似算法，用 45°代替 α，则有

$$\tan\alpha' = \frac{x_i + \dfrac{l}{2}\cos\alpha}{y_i - \dfrac{l}{2}\sin\alpha} \approx \frac{x_i + \dfrac{l}{2}\cos45°}{y_i - \dfrac{l}{2}\sin45°} \tag{4-24}$$

如图 4-11 所示，由于采用 $\tan\alpha'$（$0° < \alpha' < 45°$，$\alpha' < \alpha$）代替 $\tan\alpha$，使得 $\cos\alpha'$ 增大，从而影响 Δx，使之成为

$$\Delta x' = l'\cos45° = AF' \tag{4-25}$$

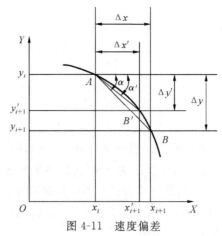

图 4-11　速度偏差

又因为 $\tan\alpha' = \dfrac{\Delta y'}{\Delta x'}$，将式（4-24）代入式（4-25），得

$$\Delta y' = \frac{\left(x_i + \frac{1}{2}\Delta x'\right)\Delta x'}{y_i - \frac{1}{2}\Delta y'} \tag{4-26}$$

因此,下一插补点的坐标为

$$\begin{cases} x_{i+1} = x_i + \Delta x' \\ y_{i+1} = y_i - \Delta y' \end{cases} \tag{4-27}$$

这样,计算出的 Δx 和 Δy 会产生一定的偏差,因此用 $\Delta x'$ 和 $\Delta y'$ 来表示。但这种偏差不会使插补点离开圆弧轨迹,因为圆弧上任意相邻两点必须满足式(4-26)。它反映了任意相邻两点的坐标值与其增量的关系,平面上任意两点的坐标值与其增量值只要满足该式,则这两点一定在同一圆弧上。

采用这种近似计算引起的偏差是 $\Delta x \rightarrow \Delta x'$,$\Delta y \rightarrow \Delta y'$,$AB \rightarrow AB'$,即 $l \rightarrow l'$,能够保证圆弧插补的每一插补瞬时点在圆弧上,只是造成每次进给量 l 的微小变化,在 $\alpha = 0°$ 处,且进给速度较大时偏差较大,但实际进给速度的变化量小于指令进给速度的 1%,这种误差在加工过程中是允许的,因此可以认为插补速度是均匀的。

4.3.3　扩展 DDA 数据采样插补

扩展 DDA 数据采样插补算法是在 DDA 积分算法的基础上发展起来的,它是将 DDA 算法中的切线逼近圆弧的方法改为割线逼近,在一个插补周期中,插补程序被调用一次,从而计算出各坐标轴在下一插补周期内沿指定的方向应该运行的距离。

1. 直线插补

在图 4-12 中,加工零件的轮廓为直线,直线起点坐标为 $P_0(x_0, y_0)$,终点坐标为 $P_e(x_e, y_e)$。此线段的加工时间为 T,刀具在 x 轴和 y 轴方向的速度为 v_x 和 v_y,合成速度为 v,那么刀具在任意时间 t 的位置,可以由各个坐标轴向的速度进行积分得到,即

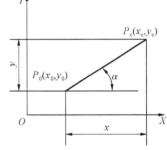

$$\begin{cases} x = x_0 + \int_0^l v_x \mathrm{d}t = x_0 + \int_0^l \frac{x_e - x_0}{T}\mathrm{d}t \\ y = y_0 + \int_l^0 v_y \mathrm{d}t = y_0 + \int_0^l \frac{y_e - y_0}{T}\mathrm{d}t \end{cases} \tag{4-28}$$

将时间 T 区间用采样周期 Δt 分割成 n 个子区间(n 取大于或等于 $T/\Delta t$ 并且最接近 $T/\Delta t$ 的整数),得到如下的直线 DDA 数据采样插补公式

图 4-12　加工零件的轮廓为直线

$$\begin{cases} x_i = x_0 + \sum_{i=1}^n \frac{x_e - x_0}{n} = x_0 + \sum_{i=1}^n \Delta x_i \\ y_i = y_0 + \sum_{i=1}^n \frac{y_e - y_0}{n} = y_0 + \sum_{i=1}^n \Delta y_i \end{cases} \tag{4-29}$$

则直线 DDA 数据采样直线插补的迭代公式为

$$\begin{cases} x_{i+1} = x_i + \Delta x_{i+1} \\ y_{i+1} = y_i + \Delta y_{i+1} \end{cases} \tag{4-30}$$

在直线插补中,每次迭代形成一个子线段,其斜率等于给定直线的斜率

$$\frac{D_y}{D_x} = \frac{\dfrac{y_e - y_0}{n}}{\dfrac{x_e - x_0}{n}} \tag{4-31}$$

各坐标轴的每次进给的步长为

$$\begin{cases} \Delta x = v\Delta t\cos\alpha = \dfrac{v(x_e - x_0)\Delta t}{\sqrt{(x_e - x_0)^2 + (y_e - y_0)^2}} = \lambda \times FRN \times (x_e - x_0) \\[4mm] \Delta y = v\Delta t\sin\alpha = \dfrac{v(y_e - y_0)\Delta t}{\sqrt{(x_e - x_0)^2 + (y_e - y_0)^2}} = l \times FRN \times (y_e - y_0) \end{cases} \tag{4-32}$$

式中　v——编程的进给速度（mm/min）；

　　　Δt——采样周期；

　　　λ——时间换算系数；

　　　FRN——进给速率数（进给速度一种表示方法），可表示为

$$FRN = \frac{v}{\sqrt{(x_e - x_0)^2} + \sqrt{(y_e - y_0)^2}}$$

令 $\lambda_d = \lambda \cdot FRN$，$\lambda_d$ 称为步长系数，对于同一条直线，FRN 和 λ 是常数，所以 λ_d 是常量，则式（4-32）可写成

$$\begin{cases} \Delta x = \lambda_d(x_e - x_0) \\ \Delta y = \lambda_d(y_e - y_0) \end{cases} \tag{4-33}$$

扩展 DDA 数据采样直线轨迹插补十分简单，可以根据式（4-29）完成，其中的坐标轴进给步长由式（4-33）确定。

2. 圆弧插补

在图 4-13 中，半径为 R 的顺时针圆弧 AD 位于第一象限内，圆心为 O 点，设刀具位于 $A_{i-1}(x_{i-1}, y_{i-1})$，线段 $A_{i-1}A$ 是沿被加工圆弧的切线方向的轮廓进给步长，$A_{i-1}A_i = l$。那么刀具进给一个步长后，点 A_i 偏离所要求的圆弧轨迹较远，径向误差较大。若通过 $A_{i-1}A_i$ 线段的中点 B，作以 OB 为半径的圆弧的切线 BC，并在 $A_{i-1}H$ 上截取直线段 $A_{i-1}A_i'$，使得 $A_{i-1}A_i' = A_{i-1}A_i = l = FT$，如用直线段 $A_{i-1}A'$ 代替 $A_{i-1}A_i$ 进给，则使得径向误差大为减小。

由图 4-13 可得，在 $\triangle OPA_{i-1}$ 中，$\sin\alpha = \dfrac{OP}{OA_{i-1}} = \dfrac{x_{i-1}}{R}$，$\cos\alpha = \dfrac{A_{i-1}P}{OA_{i-1}} = \dfrac{y_{i-1}}{R}$，过 B 点作 x 轴的平行线 BQ 交 y 轴于 Q，与 $A_{i-1}P$ 线段交于 Q' 点，由于 $\triangle OQB$ 与 $\triangle A_{i-1}MA_i'$ 相似，则有

$$\frac{MA_i'}{A_{i-1}A_i} = \frac{OQ}{OB} \tag{4-34}$$

由于 $MA_i' = \Delta x_i$，$A_{i-1}A' = l$，在 $\triangle A_{i-1}Q'B$ 中，$A_{i-1}Q' = A_{i-1}B\sin\alpha = l/2\sin\alpha$，所以有

$$OQ = A_{i-1}P - A_{i-1}Q' = y_{i-1} - \frac{l}{2}\sin\alpha$$

在 $\triangle OA_{i-1}B$ 中

$$OB = \sqrt{(OA_{i-1})^2 + (A_{i-1}B)^2} = \sqrt{R^2 + \left(\frac{l}{2}\right)^2}$$

将 OQ 和 OB 的公式代入（4-34），得

$$\frac{MA_i'}{A_{i-1}A_i} = \frac{OQ}{OB} = \frac{\Delta x_i}{l} = \frac{y_{i-1} - \dfrac{l}{2}\sin\alpha}{\sqrt{\left(\dfrac{l}{2}\right)^2 + R^2}} \tag{4-35}$$

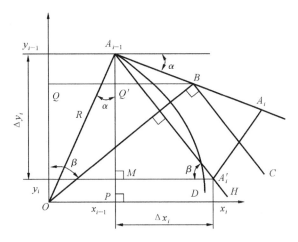

图 4-13　扩展 DDA 数据采样圆弧插补

由于 $l \leqslant R$，可将 $\left(\dfrac{l}{2}\right)^2$ 略去不计，则式（4-35）变成

$$\Delta x_i \approx \frac{l}{R}\left(y_{i-1} - \frac{l}{2} \times \frac{x_{i-1}}{R}\right) = \frac{FT}{R}\left(y_{i-1} - \frac{1}{2} \times \frac{FT}{R} \times x_{i-1}\right) \qquad (4\text{-}35')$$

在相似三角形 $\triangle OQB$ 和 $\triangle A_{i-1}MA_i'$ 中，有

$$\frac{A_{i-1}M}{A_{i-1}A_i'} = \frac{QB}{OB} = \frac{OQ' + BQ'}{OB}$$

在直角三角形 $\triangle A_{i-1}Q'B$ 中，有 $BQ' = A_{i-1}B\cos\alpha = \dfrac{l}{2} \times \dfrac{y_{i-1}}{R}$，$QQ' = x_{i-1}$，则有

$$\Delta y_i = A_{i-1}M = \frac{A_{i-1}A_i'\ (QQ' + BQ')}{OB} = \frac{l\left(x_{i-1} + \dfrac{l}{2} \times \dfrac{y_{i-1}}{R}\right)}{\sqrt{\left(\dfrac{l}{2}\right)^2 + R^2}}$$

同理，由于 $l \leqslant R$，可将 $\left(\dfrac{l}{2}\right)^2$ 略去不计，有

$$\Delta y_i \approx \frac{l}{R}\left(x_{i-1} + \frac{l}{2} \times \frac{y_{i-1}}{R}\right) = \frac{FT}{R}\left(x_{i-1} + \frac{1}{2} \times \frac{FT}{R} \times y_{i-1}\right) \qquad (4\text{-}36)$$

令 $K = \dfrac{FT}{R} = T \times FRN$，则有

$$\begin{cases} \Delta x_i = K\left(y_{i-1} - \dfrac{1}{2}Kx_{i-1}\right) \\ \Delta y_i = K\left(x_{i-1} + \dfrac{1}{2}Ky_{i-1}\right) \end{cases} \qquad (4\text{-}37)$$

得到 A'_i 的坐标值为

$$\begin{cases} x_i = x_{i-1} + \Delta x_i \\ y_i = y_{i-1} - \Delta y_i \end{cases} \qquad (4\text{-}38)$$

　　式（4-37）和式（4-38）是顺时针圆弧在第一象限插补计算公式，同理，可推出圆弧在其他象限的扩展 DDA 数据采样插补计算表达式。

　　由上述扩展 DDA 数据采样圆弧插补公式可知，这种方法只需要进行加法、减法及有限次的乘法运算，因而计算较简单、运算速度较快。

4.3.4　参数曲线插补原理

1.参数曲线插补算法的实现

本算法的基本思想是在(由一阶泰勒展开式)粗略确定下一插补点参数值后,引入误差补偿值ε,利用插补定义,通过求解矩阵方程得出插补点坐标,从而提高下一插补点的插补精度。因此,对于降低进给速度波动、复杂空间参数曲线的高速高精度加工方面应用前景广阔。下面介绍该曲线插补原理。

设 u 为曲线 $C(u)$ 的参变量,若 $C(u)=C(u(t))$ 在 t_i 邻域存在一阶连续导数,根据一阶泰勒展开式,加工进给速度 $V(u_i)$ 可以表达为

$$V(u_i) = \left\| \frac{\mathrm{d}C(u)}{\mathrm{d}t} \right\|_{t=t_i} = \left\| \frac{\mathrm{d}C(u)}{\mathrm{d}u} \right\|_{u=u_i} \times \frac{\mathrm{d}u}{\mathrm{d}t} \bigg|_{t=t_i} \tag{4-39}$$

可以推导求得

$$\frac{\mathrm{d}u}{\mathrm{d}t}\bigg|_{t=t_i} = \frac{V(u_i)}{\left\| \dfrac{\mathrm{d}C(u)}{\mathrm{d}u} \right\|_{u=u_i}} \tag{4-40}$$

由参变量 u 在 $u=u_i$ 处的一阶泰勒展开式可得到插补迭代公式

$$u_{i+1} = u_i + \frac{\mathrm{d}u}{\mathrm{d}t}\bigg|_{t=t_i} \times T_s + R_1(u) \tag{4-41}$$

式中　$R_1(u)$——误差余项。

T_s——插补周期。

若取

$$u_{i+1} \approx u_i + \frac{\mathrm{d}u}{\mathrm{d}t}\bigg|_{t=t_i} \times T_s \tag{4-42}$$

由式(4-39)、式(4-40)、式(4-41)、式(4-42),可得如下的插补迭代公式

$$u_{i+1} = u_{i+1}' + \varepsilon(u_i) \tag{4-43}$$

$$u_{i+1}' = u_i + \frac{V(u_i)T_s}{\left\| \dfrac{\mathrm{d}C(u)}{\mathrm{d}u} \right\|_{u=u_i}} \tag{4-44}$$

式中　$\left\| \dfrac{\mathrm{d}C(u)}{\mathrm{d}u} \right\|_{u=u_i}$ 可根据曲线的弧微分定义求得,即

$$\left\| \frac{\mathrm{d}C(u)}{\mathrm{d}u} \right\|_{u=u_i} = \sqrt{\left[\frac{\mathrm{d}C_X(u)}{\mathrm{d}u}\bigg|_{u=u_i} \right]^2 + \left[\frac{\mathrm{d}C_Y(u)}{\mathrm{d}u}\bigg|_{u=u_i} \right]^2 + \left[\frac{\mathrm{d}C_Z(u)}{\mathrm{d}u}\bigg|_{u=u_i} \right]^2} \tag{4-45}$$

式中　$V(u_i)$——加工进给速度;

$\varepsilon_1(u_i)$——误差补偿值,则由泰勒展开式可得

$$\varepsilon_1(u_i) = \frac{-B + \sqrt{B^2 - 4AC}}{2A} \approx \frac{[V(u_i)T_s]^2 - D^\mathrm{T}D}{2D^\mathrm{T}E} \tag{4-46}$$

式中

$$D = [D_X, D_Y, D_Z]^\mathrm{T}$$

$$E = \left[\frac{\mathrm{d}C_X(u)}{\mathrm{d}u}\bigg|_{u=u_{i+1}'}, \frac{\mathrm{d}C_Y(u)}{\mathrm{d}u}\bigg|_{u=u_{i+1}'}, \frac{\mathrm{d}C_Z(u)}{\mathrm{d}u}\bigg|_{u=u_{i+1}'} \right]^\mathrm{T} \tag{4-47}$$

$$A = E^\mathrm{T}E \tag{4-48}$$

$$B = 2D^\mathrm{T}E \tag{4-49}$$

$$C = D^\mathrm{T} D - [V(u_i) T_s]^2 \qquad (4\text{-}50)$$

式中

$$D_X = C_X(u'_{i+1}) - C_X(u_i)$$
$$D_Y = C_Y(u'_{i+1}) - C_Y(u_i)$$
$$D_Z = C_Z(u'_{i+1}) - C_Z(u_i)$$

利用该算法可以在提高插补点计算精度的同时,保证插补运算的实时性,由推导过程可知,只要被加工曲线存在一阶连续导数,就可以运用该算法进行插补计算,因而可以扩大加工曲线的范围。

2. 插补过程中弦高误差控制

由于在曲线加工中弦高误差对于零件加工质量的影响很大,故应予以控制,弦高误差如图 4-14 所示。

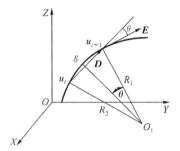

设 θ 为矢量 D 与矢量 E 的夹角。如图 4-14 所示,利用圆弧逼近原理,可得弦高误差计算公式为

$$\delta_i = R_i - \sqrt{R_i^2 - \frac{\Delta l_i^2}{4}} \qquad (4\text{-}51)$$

图 4-14　参数曲线加工时的弦高误差

式中,R_i 在理论上应为曲线在当前曲线微段的曲率半径的最小值,即 R_i 可表示为

$$R_i = \min\left[\frac{1}{\max(K_{C(u)})}\right], \quad u \in (u_i, u_{i+1}) \qquad (4\text{-}52)$$

$K_{C(u)}$ 为曲线在该微段的曲率,为了方便起见,可取

$$R_i = \min[R_1, R_2] \qquad (4\text{-}53)$$

式中　R_1、R_2——曲线在参数 $u = u_i$、$u = u_{i+1}$ 处的曲率半径。

在插补长度确定的情况下,取 θ 最大的情况,设 R 为常量,有

$$R = \frac{\|D\|}{2\sin\theta} \approx \frac{\Delta l}{2\sin\theta} = \frac{V(u_i) T_s}{2\sin\theta} \qquad (4\text{-}54)$$

当取 $V(u_i) = 60$ m/min,$T_s = 0.1$ ms 时(这对绝大多数数控机床是足够的),取 $\theta = 1°$,由式(4-54)可得 $R = 2.85$ mm,而大多数零件的参数曲线的曲率半径要比此值大得多,此时,弦高误差为 3 μm,这基本上接近加工最为不利的情况。因此,确定合适的 R 值是控制弦高误差的关键。

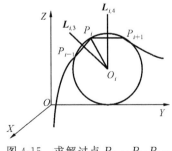

图 4-15　求解过点 P_{i-1}、P_i、P_{i+1} 的圆的半径 R_i

为了解决这个问题,对于参数曲线(不论是空间参数曲线还是平面参数曲线)加工,采用了由前一加工点、当前加工点、插补点三点所构成的圆的加工半径确定为曲率半径 R 的方法。三点所对应的曲线方程的参数分别为 μ_{i-1},μ_i,μ_{i+1}。如图 4-15所示,由前一加工点 P_{i-1}、当前加工点 P_i、插补点 P_{i+1} 三点所生成的圆的半径为 R_i,可用解析几何矢量的概念进行求解 R_i,求解步骤如下。

(1) 判断三点是否共线。若 $L_{i,1} = k L_{i,2}$(k 为任意非零实数),则共线,否则不共线。$L_{i,1}$ 为直线 $P_{i-1} P_i$ 的方向矢量,$L_{i,2}$ 为直线 $P_i P_{i+1}$ 的方向矢量。由此原理可衍生出不同的判断方法。

(2) 求解两线段 $P_{i-1} P_i$ 与 $P_i P_{i+1}$ 中点坐标,有

$$P_{i,1} = \frac{P_{i-1} + P_i}{2}$$

$$P_{i,2} = \frac{P_i + P_{i+1}}{2}$$

（3）求解由前一加工点 P_{i-1}、当前加工点 P_i、插补点 P_{i+1} 所确定的平面的矢量 $\boldsymbol{A}_i$。

$$\boldsymbol{A}_i = \boldsymbol{L}_{i,1} \times \boldsymbol{L}_{i,2}$$

（4）分别求解两线段 $P_{i-1}P_i$ 与 P_iP_{i+1} 的中垂线的矢量 $\boldsymbol{L}_{i,3}$ 与 $\boldsymbol{L}_{i,4}$。

$P_{i-1}P_i$ 的中垂线满足：过前一加工点 P_{i-1}、当前加工点 P_i、插补点 P_{i+1} 所确定的平面；垂直于 $\boldsymbol{L}_{i,1}$；通过点 $P_{i,1}$，所以有

$$\boldsymbol{L}_{i,3} = \boldsymbol{A}_i \times \boldsymbol{L}_{i,1}$$

同理有

$$\boldsymbol{L}_{i,4} = \boldsymbol{A}_i \times \boldsymbol{L}_{i,2}$$

由此，可以得出两条中垂线的方程。

（5）将两条中垂线的方程联立求解，得其交点 O_i 坐标。

（6）计算 O_i 与 P_i 的距离，即为所求半径 R_i。

当参数曲线是二维曲线时，求解仍按上述步骤，但由于 $\boldsymbol{A}_i$ 无须求解，故计算速度更快。当 P_i 坐标是 (x,y) 形式时，$\boldsymbol{A}_i = \{0,0,1\}$；当 P_i 坐标是 (x,z) 形式时，$\boldsymbol{A}_i = \{0,1,0\}$；当 P_i 坐标是 (y,z) 形式时，$\boldsymbol{A}_i = \{1,0,0\}$。在计算曲线开始点时，三点取为 P_1、P_2、P_3，在计算曲线结束点时，三点取为 P_{i-2}、P_{i-1}、P_i 即可。

4.3.5　参数曲面插补原理

算法的基本思想是通过对刀触点及与之相应的相邻路径上的粗、精刀位对应点间的关系进行分析，在求解粗、精刀位对应点时，分别引入误差补偿值并进行合理简化，得到简化的误差补偿值表达式，使其在计算量满足插补运算实时性要求的前提下，提高相邻轨迹上与刀触点相对应的刀位点参数值的计算精度。

1. 平底刀加工时的刀具姿态

图 4-16 所示为利用平底刀进行加工的过程，考虑曲面、各点的曲率时刻发生变化，以及走刀过程的干涉限制，应对加工过程中的刀具姿态进行分析。在图 4-16 中，P_C 为加工曲面 $C(u,v)$ 上的刀触点，以 P_C 建立局部坐标系（P_C-xyz），X 轴沿刀触点轨迹的切线方向，Z 轴沿刀触点处曲面的法线方向，根据右手定则由 X 轴和 Z 轴确定 Y 轴。以平底刀的刀具底部中心 T 为原点建立刀具坐标系（T-$X_TY_TZ_T$），X_T 指向刀具点，Z_T 轴为刀具轴线方向，根据右手定则由 X_T 轴和 Z_T 轴确定 Y_T 轴。为避免加工干涉，刀具首先绕 Y 轴旋转角度（后跟角 λ），再绕 Z 轴旋转角度（侧偏角 ω），则刀具姿态得以确定。

2. 行距的计算与走刀方向的确定

设曲面的参数表达式为：$C = C(u,v)$，u、v 为参变量。行距为两条刀具轨迹线上对应刀位点的距离。一般由残留高度、刀具半径及曲面的局部曲率半径来确定。曲面的局部形状可分为凸、凹曲面和平面三种形式。通过对参数曲面的有效曲率和刀具扫描面的有效曲率的讨论，行距的计算公式为

$$L = \sqrt{\frac{8hR_eR_b}{R_b + R_e \cdot \mathrm{sgn}(0 \cdot n)}} = \sqrt{\frac{8h}{k_{\mathrm{effa}} + k_{\pi/2} \cdot \mathrm{sgn}(0 \cdot n)}} \tag{4-55}$$

式中

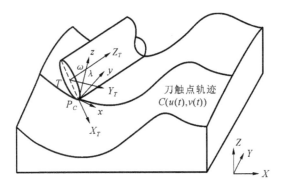

图 4-16　平底刀刀具姿态分析

$$k_{\text{effa}} = \frac{\sin^2\alpha}{\cos^2\alpha}\left[\frac{\sin\lambda}{R} - \frac{k_{\max} - k_{\min}}{2}\sin(2\beta)\sin(2\omega)\right] - \frac{k_{\max} - k_{\min}}{2}\sin(2\beta)\sin(2\alpha) + k_0\cos^2\alpha$$

$$\text{(4-56)}$$

$$k_{\pi/2} = k_{\min}(\sin^2\beta + k_{\max}\cos^2\beta)$$

$k_{\text{effa}}(\alpha \in (0,\pi))$ 为刀具扫描曲面在刀触点处沿所取方向的有效曲率。$k_{\max}$、$k_{\min}$ 分别为曲面在刀触点处的最小曲率和最大曲率;R_e 为道具的有效切削半径;R_b 为曲面在刀触点处垂直于刀触点轨迹切线的法曲率半径;h 为残留高度。当曲面的局部形状分别为凸、凹曲面时,$\text{sgn}(0 \cdot n)$ 分别为 1、-1。对于平面 $L = \sqrt{8hR_e}$。

为方便讨论,将 ω 取为 0,令

$$f(\beta) = k_{\text{effa}} + k_{\pi/2} \cdot \text{sgn}(0 \cdot n) = \frac{\sin\lambda + \sin\lambda_0 \cdot \text{sgn}(0 \cdot n)}{R} \tag{4-57}$$

$$\lambda_0 = \arcsin(Rk_{\pi/2});\quad \lambda = \arcsin(Rk_{\text{effa}}) \tag{4-58}$$

当曲面的局部形状为凸曲面和平面时,不会产生由于 λ_0 设置过小而产生局部加工干涉的问题;当曲面的局部形状为凹曲面时,显然 λ_0 为不发生局部加工干涉的最小值。

需要对行距表达式和参数曲面特性同时进行分析,才能确定何种参数曲面可以利用这种算法进行加工,具体如下所述。

(1) $k_{\min} = k_{\max} = k$。从行距表达式方面,只要后跟角 λ 大于 λ_0 就可以保证不发生局部加工干涉和行距为固定值。从参数曲面特性方面,各方向曲率一致,沿着各方向走刀,参数变化量与插补长度关系是固定的,因而适合于使用这种方法进行加工。

(2) $k_{\min} \approx k_{\max}$。从行距表达式方面,因二者相差不大,所以在加工方向上 λ_0 变化不大,因而 λ 变化也不大,所以行距 L 变化不大,可以近似认为是常量。从参数曲面特性方面,因二者相差不大,所以沿各方向走刀,参数变化量与插补长度的关系是相对稳定的,适合用这种方法进行加工。

(3) $k_{\min}$ 与 $k_{\max}$ 相差较大。这种情况各方面的变化都较大,不适合利用这种方法加工。

(4) 平移扫描曲面。从行距表达式方面,虽然母线方向曲面曲率变化可能较大,但总可以通过实时改变后跟角 λ_0 使行距 L 保持固定。从参数曲面特性方面,由于导线方向为直线,插补长度与该方向的参数变化量成正比,适合使用这种方法进行加工。此时,走刀方向应为母线方向。

(5) 其他扫描曲面的情况可以归结为(2)、(3)两种情况。

3. 沿走刀方向参数的插补迭代控制

设 u、v 为曲面的参变量,若 $C(u,v) = C(u(t),v(t))$ 在领域存在二阶导数,则

$$V(u_i, v_i) = \left\| \frac{\mathrm{d}C(u,v)}{\mathrm{d}t} \right\|_{t=t_i} = \left\| \frac{\partial C(u,v)}{\partial u} \frac{\mathrm{d}u}{\mathrm{d}t} + \frac{\partial C(u,v)}{\partial v} \frac{\mathrm{d}v}{\mathrm{d}t} \right\|_{t=t_i} \quad (4\text{-}59)$$

式中，$i=1,2,3,\cdots,m_i$；$j=1,2,3,\cdots,n_j$；m_i 为当 $v=v_j$ 时沿 u 方向的插补步数，n_j 为当 $u=u_j$ 时沿 v 方向的插补步数。由以上讨论，刀具在一个插补周期内，只沿一个参变量方向运动。

设刀具沿参变量 u 方向运动，此时 $v=v_j$ 为常量，式(4-59)可简化为

$$V(u_i, v_i) = \left\| \frac{\mathrm{d}C(u,v)}{\mathrm{d}t} \right\|_{t=t_i} = \left\| \frac{\partial C(u,v)}{\partial u} \right\|_{u=u_i} \times \frac{\mathrm{d}u}{\mathrm{d}t} \Big|_{t=t_i} \quad (4\text{-}60)$$

则可以推导求得

$$\frac{\mathrm{d}u}{\mathrm{d}t} \Big|_{t=t_i} = \frac{V(u_i, v_i)}{\left\| \dfrac{\partial C(u,v)}{\partial u} \right\|_{u=u_i}} \quad (4\text{-}61)$$

根据参变量 (u,v) 在 (u_i, v_i) 的一阶泰勒展开式，得到如下的插补迭代公式

$$u_{i+1} = u'_{i+1} + \varepsilon(u_i, v_i) \quad (4\text{-}62)$$

$$u'_{i+1} = u_i + \frac{V(u_i, v_i) T_s}{\left\| \dfrac{\partial C(u,v)}{\partial u} \right\|_{\substack{u=u_i \\ v=v_j}}} \quad (4\text{-}63)$$

其中，$\left\| \dfrac{\partial C(u,v)}{\partial u} \right\|_{\substack{u=u_i \\ v=v_j}}$ 可根据曲线的弧微分定义求得

$$\left\| \frac{\partial C(u,v)}{\partial u} \right\|_{\substack{u=u_i \\ v=v_j}} = \sqrt{\left[\frac{\mathrm{d}C_X(u,v)}{\mathrm{d}u} \Big|_{\substack{u=u_i \\ v=v_j}} \right]^2 + \left[\frac{\mathrm{d}C_Y(u,v)}{\mathrm{d}u} \Big|_{\substack{u=u_i \\ v=v_j}} \right]^2 + \left[\frac{\mathrm{d}C_Z(u,v)}{\mathrm{d}u} \Big|_{\substack{u=u_i \\ v=v_j}} \right]^2}$$
$$(4\text{-}64)$$

$V(u_i, v_j)$ 为加工进给速度，T_s 为插补周期，$\varepsilon_1(u_i, v_j)$ 为误差补偿值，由泰勒展开式计算可得

$$\varepsilon_1(u_i, v_j) = \frac{-B + \sqrt{B^2 - 4AC}}{2A} \approx \frac{[V(u_i, v_j) T_s]^2 - \boldsymbol{D}^{\mathrm{T}} \boldsymbol{D}}{2\boldsymbol{D}^{\mathrm{T}} \boldsymbol{E}} \quad (4\text{-}65)$$

式中

$$A = \boldsymbol{E}^{\mathrm{T}} \boldsymbol{E} \quad (4\text{-}66)$$

$$B = 2\boldsymbol{D}^{\mathrm{T}} \boldsymbol{E} \quad (4\text{-}67)$$

$$C = \boldsymbol{D}^{\mathrm{T}} \boldsymbol{D} - [V(u_i, v_j) T_s]^2 \quad (4\text{-}68)$$

$$\boldsymbol{E} = \left[\frac{\mathrm{d}C_X(u,v)}{\mathrm{d}u} \Big|_{\substack{u=u'_{i+1} \\ v=v_j}}, \frac{\mathrm{d}C_Y(u,v)}{\mathrm{d}u} \Big|_{\substack{u=u'_{i+1} \\ v=v_j}}, \frac{\mathrm{d}C_Z(u,v)}{\mathrm{d}u} \Big|_{\substack{u=u'_{i+1} \\ v=v_j}} \right]^{\mathrm{T}} \quad (4\text{-}69)$$

$$\boldsymbol{D} = [D_X \ D_Y \ D_Z]^{\mathrm{T}}$$

式中

$$D_X = C_X(u'_{i+1}, v_j) - C_X(u_i, v_j)$$
$$D_Y = C_Y(u'_{i+1}, v_j) - C_Y(u_i, v_j)$$
$$D_Z = C_Z(u'_{i+1}, v_j) - C_Z(u_i, v_j)$$

4.3.6　机床加减速控制

为了在机床启动、停止、轨迹转折、速度变化处保证平滑过渡，机床必须按给定平滑规律进行加减速处理。在切削加工中，使用平滑性好的指数规律。在辅助退刀时，采用快速性好的直线规律。

设机床进给系统的时间常数为 t，则正常时 $F(t) = F_0$，按指数规律加减速时

$$F(t) = \begin{cases} F_0(1 - e^{-\frac{KT}{t}}) & \text{加速时} \\ F_0 e^{-\frac{KT}{t}} & \text{减速时} \end{cases} \qquad (4\text{-}70)$$

在加减速控制中，速度变化采用递推运算，在加速时，速度依次递增即可；但在减速时，减速区的判断较为困难，需要重点研究。

在加减速控制方式中，有插补前加减速和插补后加减速两种方式。其中插补前加减速沿轨迹方向上对速度进行控制，不会造成轨迹误差，但需较复杂的沿弧长方向上的路径计算；而插补后加减速方式则可根据各轴到终点的坐标方向上的差值，通过改变系统回路增益来控制，其减速区计算简单，但会由于机床各坐标轴伺服特性不一致而形成轨迹误差。

由于刀具轨迹是空间曲线，计算空间曲线弧长较为困难。而采用按各坐标轴与终点距离的坐标进行判断时，则会由于曲线凹凸不平，造成误判断，虽然可将其分段处理，但会给编码器译码和 CAM 处理造成困难。因此，算法采用了沿轨迹方向上的加减速控制方式，采用快速数值积分来计算至终点的弧长来进行减速区判断，可以实现高精度的插补前加减速控制方式。

习　题

4-1　何谓插补？为何要进行数控插补计算？

4-2　试述脉冲增量插补和数据采样插补的特点。

4-3　基本脉冲插补法和数据采样插补法的原理各是什么？

4-4　在数字积分插补时，为什么要进行数据初始化和左移规格化处理？必须满足什么条件才能正确工作？

4-5　某零件轮廓有一个 $\phi 100$ mm 的圆弧用立铣刀进行加工，若不考虑刀具半径补偿，设该圆弧的圆心坐标为 $(200, 0)$，起点坐标为 $(150, 0)$，终点坐标为 $(200, -50)$，用逐点比较法进行插补，则该圆弧在哪几个象限中进行插补计算？CNC 系统如何处理圆弧过象限的问题？

4-6　试用推导公式的方式说明，以时间分制法进行直线和圆弧插补时计算的各点一定在线上。

4-7　试推导逐点比较法的直线和圆弧插补计算公式，怎样判别过象限和控制电动机转向？

4-8　反向间隙和位置误差是怎样产生的？如何进行补偿？

第5章 伺服控制系统

本章要点

本章主要介绍数控机床伺服系统的组成和分类、伺服系统驱动装置,以及数控机床的速度和位置控制。

5.1 数控机床伺服系统的组成和分类

伺服系统的作用是接收来自数控系统(CNC)的指令,经过放大和转换,驱动数控机床的执行机构(工作台或刀架)按照 NC 程序运动,同时将运动结果反馈回去,与输入指令相比较,不断修正直至运动结果与输入指令之差为零,从而使机床精确地运动到所要求的位置。其性能直接影响数控机床执行件的静态和动态特性、工作精度、负载能力、响应速度和平稳性等。

伺服系统一般由驱动控制单元、驱动元件、机械传动部件、执行机构和检测装置等组成,驱动控制单元和驱动元件组成伺服驱动系统;机械传动部件和执行机构组成机械传动系统。

目前,数控机床上的驱动元件主要是各种电动机,已很少采用液压伺服系统。在小型和经济型数控机床上还在使用步进电动机;在中、高档数控机床上几乎都采用直流伺服电动机、交流伺服电动机,全数字交流伺服驱动系统也得到广泛应用。

5.1.1 伺服系统的组成

如图 5-1 所示的是数控机床进给伺服系统的基本结构,它是一个双闭环系统,内环是速度环,外环是位置环。速度环中用作速度反馈的检测装置为测速电动机或脉冲编码器等,由速度调节器、电流调节器及功率驱动放大器等各部分组成。位置环是由 CNC 装置中的位置控制模块、速度控制单元、位置检测及反馈控制等组成。位置控制主要是对机床运动坐标轴进行控制。

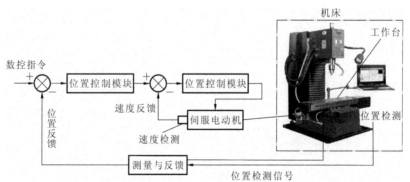

图 5-1　数控机床进给伺服系统的基本结构

5.1.2　伺服系统的分类

1. 按调节理论分类

1) 开环伺服系统

开环伺服系统是指没有位置反馈的系统。数控机床工作台的运动是由步进电动机、功率步进电动机或电液脉冲马达驱动的。CNC 系统(数控系统)发出的指令脉冲信号经驱动电路控制和功率放大后,使步进电动机转动,通过变速齿轮和滚珠丝杠螺母副驱动执行机构(工作台或刀架)移动。CNC 系统发出一个指令脉冲,机床执行机构所移动的距离称为脉冲当量。开环伺服系统的位移精度主要取决于步进电动机的角位移精度和齿轮、丝杠等传动件的螺距精度以及系统的摩擦阻尼特性。开环伺服系统的位移精度一般较低,其定位精度一般可达±0.02 mm,当采用螺距误差补偿和传动间隙补偿后,定位精度可提高到±0.01 mm。

开环伺服系统一般由脉冲频率变换、脉冲分配、功率放大、步进电动机、变速齿轮、滚珠丝杠螺母副、导轨副等组成,其结构较简单,调试、维修都很方便,工作可靠,成本低廉,但精度较低,低速时不够平稳,高速时扭矩小,且容易丢步,故一般多用于精度要求不高的机床。

2) 半闭环伺服系统

半闭环伺服系统是指反馈信号不是取自机床的最末端件,而是从系统的中间部位(如驱动伺服电动机的轴)进行信号采集,使得系统由电动机输出轴至最末端件(工作台或刀架)之间的误差(如联轴器误差、丝杠的弹性变形、螺距误差及导轨副的摩擦阻尼等)不能得到补偿,因此,半闭环系统只反馈补偿了数控机床进给传动系统的部分误差。

这种系统舍弃了传动系统的刚性和非线性的摩擦阻尼等,故系统调试较容易,稳定性也较好,可以通过采用高分辨率的检测元件,获得比较满意的精度和速度。所以,制造伺服电动机时一般将测速电动机、旋转变压器(或者脉冲编码器)直接装在伺服电动机轴的尾部,使机床制造时的安装调试更便捷,结构也比较简单。目前,这种系统被广泛应用于中小型数控机床上。

3) 闭环系统

全闭环系统是指反馈信号取自机床工作台(或刀架)的实际位置,所以系统传动链的误差、环内各元件的误差以及运动中造成的误差都可以得到补偿,使得输出变量值实时响应输入变量值,从而提高机床的跟随精度和定位精度,定位精度可达±(0.001～0.005) mm,目前,最先进的全闭环系统定位精度可达 0.1 μm。

由于全闭环系统中除电气方面的误差外,还有很多机械传动误差,如丝杠螺母副、导轨副等的刚度、传动间隙、摩擦阻尼特性都是变化的,有些还是非线性变化的,所以全闭环系统的设计和调整都有较大的技术难度,价格也较昂贵,故只用于大型、精密数控机床上。

2. 按使用的执行元件分类

1) 电液伺服系统

电液伺服系统的执行元件通常为电液脉冲马达和电液伺服马达,其前一级为电气元件,驱动元件为液动机和液压缸。在早期数控机床中,多数采用电液伺服系统。电液伺服系统具有在低速下可以得到很高的输出力矩,以及刚度高、时间常数小、反应快和速度平稳等优点。然而,液压系统需要油箱、油管等供油系统,体积大,此外还有噪声、漏油等问题,因此从 20 世纪 70 年代起就被电气伺服系统代替,只是具有特殊要求时,才采用电液伺服系统。

2) 电气伺服系统

电气伺服系统的执行元件为伺服电动机(如步进电动机、直流电动机和交流电动机等),驱动单元为电子器件,操作维护方便,可靠性高。现代数控机床均采用电气伺服系统。电气伺服系统分为步进伺服系统、直流伺服系统和交流伺服系统。

（1）步进伺服系统　步进伺服系统是一种用脉冲信号进行控制，并将脉冲信号转换成相应的角位移的控制系统。其角位移与脉冲数成正比，转速与脉冲频率成正比，通过改变脉冲频率可调节电动机的转速。如果停机后有些绕组仍保持通电状态，则系统还具有自锁能力。步进电动机每转一周都有固定的步数，如 500 步、1000 步、50000 步等，从理论上讲其步距误差不会累计。

（2）直流伺服系统　20 世纪 70 年代到 80 年代中期，直流伺服系统被广泛用于数控机床上。其进给运动系统采用大惯量、宽调速永磁直流伺服电动机和中小惯量直流伺服电动机，主运动系统采用他激直流伺服电动机。大惯量直流伺服电动机具有良好的调速性能，输出转矩大，过载能力强。由于电动机自身惯量较大，容易与机床传动部件进行惯量匹配，所构成的闭环系统易于调整。中小惯量直流伺服电动机则采用减少电枢转动惯量的方法获得快速性。中小惯量电动机一般都设计成具有高的额定转速和低的惯量，所以在应用时，要经过中间机械减速传动来达到增大转矩和与负载进行惯量匹配的目的。该系统的缺点是电动机有电刷，限制了转速的提高，而且结构复杂，价格较贵。

（3）交流伺服系统　交流伺服系统使用交流感应异步伺服电动机（一般应用在主轴伺服系统中）和永磁同步伺服电动机（一般应用于进给伺服系统）。由于直流伺服电动机使用机械（如电刷、换向器等）换向，存在一些固有的缺点，使其应用受到限制。20 世纪 80 年代以后，随着交流伺服电动机的材料、结构、相关控制理论和方法取得了突破性的进展，交流驱动装置快速发展起来。目前已取代了直流伺服系统。该系统的最大优点是电动机结构简单、不需要维护、适合于在恶劣环境下工作。另外，交流伺服电动机还具有动态响应好、转速高和容量大等优点。

交流伺服系统目前已基本实现了全数字化，即在伺服系统中，除了驱动环节，电流控制环节、速度控制环节和位置控制环节已全部数字化，其控制模型、数控功能、静动态补偿、前馈控制、最优控制、自学习功能等均由微处理器及其控制软件高速实时地完成。因此，性能更优越，已达到和超过直流伺服系统水平。

3. 按被控对象分类

1）进给伺服系统

进给伺服系统是指一般概念的位置伺服系统，包括速度控制环节和位置控制环节。进给伺服系统控制机床各进给坐标轴的进给运动，具有定位和轮廓跟踪功能，是数控机床中要求最高的伺服控制。

2）主轴伺服系统

主轴伺服系统通常情况下是一个速度控制系统，控制主轴的旋转运动，提供切削过程中的转矩和功率，完成在转速范围内的无级变速和转速调节。当主轴伺服系统要求有位置控制功能时（如六轴联动数控螺旋锥齿轮铣齿机床），称为主轴控制功能。这时，主轴与进给伺服系统一样，为一般概念的位置伺服控制系统。

此外，刀库的位置控制只是为了在刀库的不同位置选取刀具，与进给坐标轴的位置控制相比，性能要求不高，被称为简易位置伺服系统。

4. 按反馈比较控制方式分类

1）脉冲、数字比较伺服系统

该系统是闭环伺服系统中的一种控制方式。它是将 CNC 装置发出的数字（或脉冲）指令信号与检测装置测得的以数字(或脉冲)形式表示的反馈信号直接进行比较,以产生位置误差,达到闭环控制。其结构简单,容易实现,整机工作性能稳定,应用普遍。

2) 相位比较伺服系统

其位置检测装置采用相位工作方式,指令信号与反馈信号都变成了某个载波的相位,通过两者相位的比较,获得实际位置与指令位置的偏差,从而实现闭环控制。这类系统适用于感应式检测元件(如旋转变压器,感应同步器等)的工作状态,可以获得理想的精度。

3) 幅值比较伺服系统

该系统是以位置检测信号的幅值大小来反映机械位移的数值,并以此信号作为位置反馈信号,一般还要进行幅值信号和数字信号的转换,从而得到位置偏差,构成闭环控制系统。

在以上三种伺服系统中,相位比较系统和幅值比较系统从结构上和安装维护上都比脉冲、数字比较系统复杂和要求高,所以一般情况下,脉冲、数字比较伺服系统应用广泛。

4) 全数字伺服系统

随着计算机技术、微电子技术和伺服控制技术的发展,数控机床的伺服系统已经采用了高速、高精度的全数字伺服系统,也就是实现了位置、速度和电流反馈控制全数字化。该类伺服系统具有使用灵活、柔性好的特点。数字伺服系统采用了许多新的控制技术和改进伺服性能的措施,使控制精度和质量大幅提高。

5.1.3 伺服系统的发展和趋势

伺服系统的驱动元件大致经历了三个发展阶段。

1. 第一阶段

20 世纪 70 年代以前,是电液伺服和步进电动机伺服系统的全盛时期。电液驱动具有惯性小、反应灵敏、刚度高等特点,早期的数控机床大多采用电液伺服系统。步进电动机开环伺服系统,具有结构简单、价格低廉、使用维修方便的优点,也在当时被推广,至今在经济型数控机床中仍有使用。

2. 第二阶段

20 世纪 70~80 年代,功率晶体管和晶体管脉宽调制驱动装置的出现,加速了直流伺服系统性能的提高和推广,直流伺服系统逐渐占据主导地位。包括小惯量直流伺服电动机和大惯量宽调速直流伺服电动机,在数控机床上得到了广泛应用。

直流伺服系统的缺点是结构复杂,价格昂贵,电刷对防油、防尘要求严格,易磨损,需要定期维护。

3. 第三阶段

20 世纪 80 年代以后,由于交流伺服电动机的材料、结构、控制理论及方法都有了突破性的进展,使交流伺服系统得到很快的发展,并有逐渐取代直流伺服系统之势。

交流伺服系统最大的优点是电动机结构简单,不需要维护,适合在较恶劣的环境中使用。

交流伺服系统主要有模拟式、混合式和全数字式三大类。模拟交流伺服系统用途单一,功能扩展性不好,但价格便宜。混合式交流伺服系统功能强,采样周期只有零点几毫秒,使用方便,价格适中,是当前实际应用最多的系统。

全数字式交流伺服系统是随开放式数控系统一起发展起来的一种新型伺服系统,得到了迅速发展。

伺服系统的发展趋势是交流化、数字化、高度集成化、智能化、模块化、网络化、新型半导体器件化等。

5.1.4　数控机床对伺服驱动系统的要求

伺服驱动系统是连接数控装置和机床执行件的关键部分,其性能直接关系到数控机床执行件的工作精度、静态特性、动态特性、响应快慢、稳定程度和负载能力等。数控机床伺服系统是数控系统的重要组成部分。

1. 精度高

伺服系统的精度是指输出量能复现输入量的精确程度。定位精度一般在 $0.001 \sim 0.01$ mm,甚至达到 $0.1 \ \mu m$。轮廓加工精度与速度控制、联动坐标的协调一致等控制有关。

2. 动态响应快、无超调

快速跟随指令脉冲,可频繁启、停、反向运动。

快速响应是伺服系统动态品质的重要指标,它反映了系统的跟踪精度。为了保证轮廓切削形状精度和低的加工表面粗糙度,要求伺服系统跟踪指令信号的响应要快。

响应时间一般在 200 ms 内,甚至小于几十毫秒;另一方面,超调量要小。

3. 低速大扭矩

数控机床大都是在低速时进行重切削的加工,要求伺服系统在低速时要有大的转矩输出。进给坐标的伺服控制属于恒转矩控制,在整个速度范围内多要保持这个转矩;而主轴坐标的伺服控制在低速时为较大的恒转矩控制,在高速时为恒功率控制,具有足够大的输出功率。电动机要求过载能力强(在几分钟内过载 $4 \sim 6$ 倍不损坏)。

4. 电动机调速范围宽

要求进给驱动必须具有足够宽的调速范围,一般达到 $1 : 1000$,有些高性能系统已达到 $1 : 10000$。通常是无级调速,当脉冲当量为 $1 \ \mu m/P$ 时,进给速度达 $0 \sim 240$ m/min。

5. 稳定性好

稳定性是指系统在给定输入或外界干扰作用下,能在短暂的调节过程后达到新的或者恢复到原来的平衡状态的性能。对伺服系统要求有较强的抗干扰能力,保证进给速度均匀、平稳。稳定性直接影响数控机床加工的精度和表面粗糙度。

6. 可靠性高

对环境(如温度、湿度、粉尘、油污、振动、电磁干扰等)的适应性强,性能稳定,使用寿命长,平均故障间隔时间长。

7. 低速无爬行

如在 0.1 r/min 或更低时,速度仍稳定,无爬行现象。

8. 加速性好

具有较小的转动惯量和大的制动转矩,具备 4000 rad/s^2 以上的加速度,在 0.2 s 内速度从静止加速到 1500 r/min。

5.2　伺服系统的伺服驱动装置

伺服电动机是伺服系统的关键部件,它接受控制系统发来的进给指令信号,并将其转变为角位移或直线位移,从而驱动数控机床的进给机构,实现所要求的运动。在机床加工过程中要求这种运动能进、能退、能快、能慢,既精确又灵敏。

5.2.1　步进电动机

随着数控机床的发展,步进电动机在速度、功率及效率等方面都有了很大的提高,可以适应数控机床的需要。图 5-2 所示为步进电动机实物图。步进电动机是一种用电脉冲信号进行控制,并将电脉冲信号转换成相应角位移的机电元件。每输入一个脉冲,步进电动机转轴就转过一定角度。

图 5-2　步进电动机实物图

(1) 特点　控制简单、运动可靠、价格较低,但精度低且切削力小,在大负载和速度较高的情况下容易失步,能耗大、速度低、精度较差。

(2) 应用　主要用于速度和精度要求不太高的经济型数控机床和普通机床改造。

(3) 种类　步进电动机的种类很多:按工作原理分为反应式、电磁式、永磁式步进电动机;按使用场合分功率步进电动机和控制步进电动机;按相数分为三相、四相、五相等;按使用频率分为高频步进电动机和低频步进电动机。在数控机床中应用较为广泛的是反应式步进电动机。

反应式步进电动机和混合式步进电动机的型号规定如图 5-3 所示。

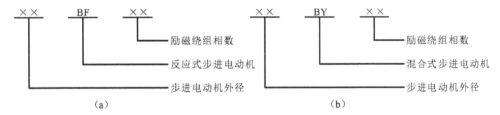

图 5-3　步进电动机型号规定
(a) 反应式步进电动机型号规定;(b)混合式步进电动机型号规定

1. 步进电动机的结构与工作原理

由于在数控机床中反应式步进电动机应用较为广泛,且在介绍工作原理时以三相式的较易于理解。下面就以三相反应式步进电动机为例来介绍步进电动机的结构及其工作原理。

1) 三相反应式步进电动机的原理结构

和普通电动机一样,它主要包括定子、转子两大部分。所谓定子,即电动机不能转动的部分,其中主要包括外壳、铁芯与绕组,铁芯由硅钢片叠压而成。在三相反应式步进电动机的铁芯上,均匀分布有六个磁极,在每个磁极上均绕有绕组,该绕组称为控制绕组。每两个相对的磁极构成一相,三相绕组通常按 Y 形连接。

转子是指旋转部分,由转轴与铁芯构成,它的铁芯通常由硅钢片叠压而成,或由其他软磁材料制成。在铁芯的圆周表面上均匀分布有齿,没有绕组。

图 5-4 所示为三相步进电动机的原理结构图,由于仅是从原理考虑,故定子只画出了绕组

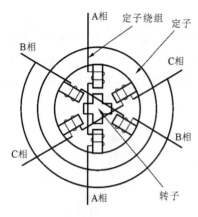

图 5-4　三相步进电动机的原理结构图

的连接与铁芯(包括铁芯上的磁极),而没有画外壳;转子只画出了带有齿(图中只画出了四个齿)的铁芯,而没有画转轴。

2) 三相反应式步进电动机的工作原理

步进电动机的工作原理是基于电磁力的吸引和排斥产生转矩的现象。

欲使步进电动机运转,则需在其定子上的 A、B、C 三相绕组中施加脉冲电压,根据对 A、B、C 三相绕组通电方式的不同,步进电动机通常可分为三相单三拍、三相双三拍及三相六拍等三种工作方式。

(1) 三相单三拍工作方式　步进电动机在三相单三拍工作方式时,定子绕组的通电方式是 A→B→C→A→B……这样的顺序反复依次通电,即每次通电的绕组只有一相,而其余的两相绕组不通电。其工作原理如下。

第一拍:A 相通电,B、C 相断电。A_1 与 A_2 绕组所对应的磁极产生磁场,在磁场作用下,将把转子的 1、3 齿吸引到与 A_1、A_2 极对齐,如图 5-5(a)所示。

第二拍:B 相通电,B_1 与 B_2 绕组所对应的磁极产生磁场,在磁场作用下,将把转子的 2、4 齿吸引到与 B_1、B_2 极对齐,电动机的转子顺时针旋转 30°,如图 5-5(b)所示。

第三拍:当 C 相通电时,C_1 与 C_2 绕组所对应的磁极产生磁场,在磁场作用下,将把转子的 3、1 齿吸引到与 C_1、C_2 极对齐,电动机的转子又顺时针旋转 30°,如图 5-5(c)所示。

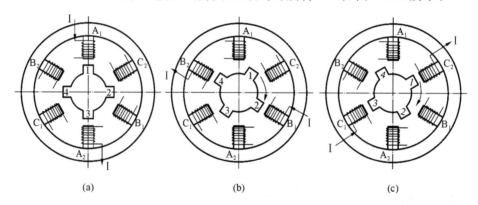

图 5-5　三相单三拍工作的原理图
(a) 第一拍;(b) 第二拍;(c) 第三拍

当 A 相再通电时,将把转子的 4、2 齿被吸引到与 A_1、A_2 磁极对齐,电动机的转子又顺时针旋转 30°……如此循环往复,电动机的绕组在此顺序轮流通电情况下,使转子连续旋转。

如果绕组的通电顺序相反,即为 A→C→B→A→C……这样的顺序依次反复通电,步进电动机的将按逆时针方向旋转(分析略)。

对三相步进电动机来讲,由于这种通电的控制方式,需要三次(即三拍)完成一个通电的循环,而每次通电的相数只有一相(即单相),故称为三相单三拍方式。由于每次只励磁一个磁极,故又称为1P方式。

(2) 三相双三拍工作方式　步进电动机在三相双三拍工作方式时,定子绕组的通电方式是 AB→BC→CA→AB→BC……这样的顺序反复依次通电。即每次通电的绕组有两相,而只有一相绕组不通电。其工作原理如下。

第一拍：A、B 二相通电，A_1、A_2 与 B_1、B_2 绕组所对应的磁极产生磁场，在磁场作用下，将把转子的 1、4 齿分别吸引到 A_1、B_2 的磁极下，把转子的 2、3 齿分别吸引到与 B_1、A_2 的磁极下，如图 5-6(a)所示。

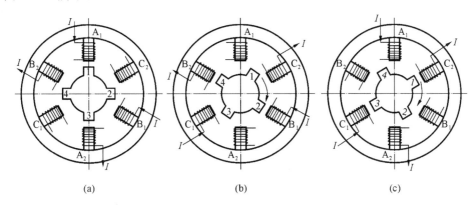

图 5-6　三相双三拍工作的原理图
(a) 第一拍；(b) 第二拍；(c) 第三拍

第二拍：B、C 相通电时，B_1、B_2 与 C_1、C_2 绕组所对应的磁极产生磁场，在磁场作用下，将把转子的 1、2 齿分别吸引到 C_2、B_1 的磁极下，把转子的 3、4 齿分别吸引到与 C_1、B_2 的磁极下，电动机的转子顺时针旋转 30°，如图 5-6(b)所示。

第三拍：C、A 相通电时，A_1、A_2 与 C_1、C_2 绕组所对应的磁极产生磁场，在磁场作用下，将把转子的 1、4 齿分别吸引到 C_2、A_1 的磁极下，把转子的 2、3 齿分别吸引到与 A_2、C_1 的磁极下，电动机的转子又顺时针旋转 30°，如图 5-6(c)所示。

当 A、B 相再通电时，将把转子的 4、3 齿分别吸引到与 A_1、B_2 的磁极下，把转子的 1、2 齿分别吸引到与 B_1、A_2 的磁极下，电动机的转子又顺时针旋转 30°……如此循环往复，电动机的绕组在此顺序轮流通电情况下，使转子连续旋转。

由于这种通电的控制方式，虽然也需要三次完成一个通电的循环，但每次通电的相数有两相，故称为三相双三拍方式。由于每次励磁两个磁极，故又称为 2P 方式。

同三相单三拍工作方式一样，如果绕组的通电顺序相反，即为 AC→CB→BA→AC→CB……这样的顺序依次反复通电，步进电动机将按逆时针方向旋转。

(3) 三相六拍工作方式　步进电动机在三相六拍工作方式时，定子绕组的通电方式是 A→AB→B→BC→C→CA→A→AB……这样的顺序反复依次通电。由此可见，这种工作方式绕组的通电相数有一相，也有两相，且为单、双相交替的方式，而每完成一个通电的循环，需要变换六次。故称为三相六拍工作方式。

由定子绕组的通电方式可知，步进电动机的三相六拍工作方式，实际上就是三相单三拍与三相双三拍这两种工作方式的交叉结合，所以，它的工作原理完全可以把对这两种工作方式原理的分析交叉结合起来即可，故在此就不再分析了。

由于这种工作方式每次通电有一或两个磁极，故又称为 1-2P 方式。

另外，对步进电动机的控制还有一种称为细分步方式，它是把一个整步过程细分成许多步来完成的控制方式。这种控制方式在切换绕组的通电顺序时，电流不是一次性加入或切除的，而是前一磁极绕组的电流逐步减少，后一磁极的则逐步增加。当前一磁极绕组的电流减到零时，后一磁极绕组的电流也加到最大。从合成的磁场来看，磁轴将从前一磁极逐步移动到后一磁极。这样磁极切换过程可以分成多步来完成，这即所谓的细分步方式。

3）步进电动机的步距角与转速

（1）步进电动机的步距角　步距角是指步进电动机定子绕组的通电状态每改变一次，转子转过的角度。步距角的计算公式为

$$\alpha = \frac{360^\circ}{mzK} \qquad\qquad (5\text{-}1)$$

式中　m——步进电动机相数；

z——转子的齿数；

K——系数，整步时 $K=1$，半步时 $K=2$。

例如，转子只有四个齿的三相步进电动机，按此公式即可算出：

① 整步的情况下，步距角为 30°；

② 在半步的情况下，步距角为 15°。

由此可见，这样的步进电动机控制精度太低，而提高它控制精度的最好的方法就是增加转子的齿数 z。例如，若转子的齿数 $z=40$，仍是三相步进电动机，按式(5-1)计算可得：

① 整步的情况下，步距角为 3°；

② 在半步的情况下，步距角为 1.5°。

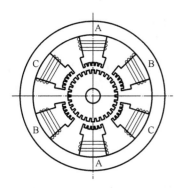

图 5-7　步进电动机转子齿形图

由此可见，在同等条件下，转子的齿数提高了 10 倍，其控制精度也提高了 10 倍。

实际的步进电动机，转子的齿数均比较多。与转子的齿相对应，定子的磁极也制成相同的齿状，如图 5-7 所示。

（2）步进电动机的转速　步进电动机的转速 n 可由下式求得：

$$n = \frac{60f}{mzK} \qquad\qquad (5\text{-}2)$$

式中　f——脉冲频率。

由式(5-2)可知，步进电动机的转速 n 与脉冲频率成正比，与步进电动机相数 m、转子的齿数 z 成反比。

4）步进电动机的控制方法

由上面的工作原理和通电方式的分析可知，步进电动机的控制可以按下述方法进行：

① 通过改变通电的频率来实现对步进电动机旋转速度的控制；

② 通过改变通电的顺序来实现对步进电动机旋转方向的控制；

③ 通过改变通电的方式来实现对步进电动机步距角的控制。

由于步进电动机的步距角是固定的，因此，可以通过发出固定的脉冲数来控制工作台做设定的位移运动。即一定的脉冲数确定了步进电动机角位移量，而步进电动机的角位移量又确定了工作台的位移量。

2. 步进电动机的主要特性

1）步进电动机通电方式

单相轮流通电方式，在这种通电方式下工作的步进电动机，每次只有一相通电，稳定性较差，容易失步。对一个定子为 m 相、转子有 z 个齿的步进电动机，步进电动机一转所需的步数为 $m \times z$ 步。这种通电分配方式称为 m 相单 m 状态。

双相轮流通电方式,对三相步进电动机来说,其通电次序为 AB→BC→CA。由于两相通电,力矩就大些,定位精度高而不易失步。步进电动机每转步数亦为 $m \times z$ 步。这种通电分配方式称为 m 相双 m 状态。单双相轮流通电方式:对三相步进电动机来说,其通电次序为 A→AB→B→BC→C→CA。这时步进电动机一转所需步数为 $2m \times z$ 步。这种通电分配方式称为 m 相 $2m$ 状态。

2) 步距角 α

步进电动机每步转过的角度,称为步距角,用 α 表示。步进电动机步距角的计算公式为

$$\alpha = \frac{360^\circ}{mzK} \tag{5-3}$$

式中　m——步进电动机相数;

　　　z——步进电动机转子的齿数;

　　　K——通电方式,相邻两次通电的相数一样,$K=1$,反之 $K=2$。

3) 输出扭矩

这是指与步进电动机的各种转速相对应的输出扭矩,若施加超过输出扭矩的负载扭矩时,则步进电动机就要停转。因此,电动机的负载扭矩必须小于输出扭矩。

4) 最高启动、停止脉冲频率

步进电动机所能接受的正确启、停的指令脉冲系列的最高频率,称为最高启动、停止脉冲频率。它随加在电动机轴上的负载惯量及负载扭矩的变化而变化。

5) 连续运行的最高工作频率

步进电动机连续运行时所能接受的最高控制频率称为最高连续工作频率或称最高工作频率。最高工作频率远大于启动频率,这是由于启动时有较大的惯性扭矩并需有一定的加速时间,同样在大于启动频率的状态下工作的电动机要停止亦需减速时间。

5.2.2　直流伺服电动机

直流伺服电动机具有良好的启动、制动和调速特性,可方便地在宽范围内实现平滑无级调速,在数控机床中宽调速的直流伺服电动机仍有应用。

1. 永磁式直流伺服电动机的基本结构原理

如图 5-8 所示,永磁式直流伺服电动机由定子、转子、换向器和检测装置等组成。

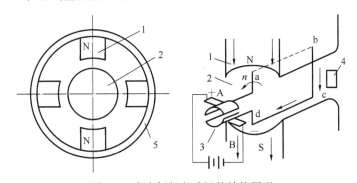

图 5-8　直流伺服电动机的结构原理

1—定子;2—气隙;3—换向器;4—检测装置;5—转子

1) 定子

定子磁极磁场由定子的磁极产生。根据产生磁场的方式,直流伺服电动机可分为永磁式和他激式。永磁式磁极由永磁材料制成;他激式磁极由冲压硅钢片叠压而成,外绕线圈通以恒

定直流电流便产生恒定磁场。

2）转子

转子又称电枢，由圆柱状硅钢片叠压而成，表面冲斜槽，放入电枢线圈绕组，通以直流电流时，在定子磁场作用下产生带负载旋转的电磁转矩。

3）换向器

为使所产生的电磁转矩保持恒定方向，转子能沿固定方向均匀地连续旋转，电刷与外加直流电源相接，换向片与电枢导体相接。

4）检测装置

常用的检测装置有测速发电机、脉冲编码器等。

直流电动机的工作原理是建立在电磁力定律（即左手法则）基础上的。永磁直流伺服电动机的工作原理与一般（激磁式）直流电动机基本相同，但磁场的建立由永久磁铁实现。

当电流通过转子绕组线圈时，产生磁场，在定子磁场作用下转动，由于换向器和电刷的换向作用，转子得以继续转动，并由检测装置反馈以保持所需要的转速。

2. 直流伺服电动机的分类

1）按电动机结构分

（1）小惯量直流电动机　　又可分为无槽圆柱体电枢结构和带印刷绕组的盘形电枢结构两种。由于其最大限度地减小了转子的转动惯量，因而可获得良好的快速特性，在早期机床上应用较多。

（2）改进型直流伺服电动机　　类似传统直流电动机，其转子的转动惯量较小，过载能力较强，具有良好的转换性能，并在静态特性和动态特性方面比普通直流电动机有所改善。

（3）无刷直流电动机（无换向器直流电动机）　　由同步电动机和逆变器组成，逆变器由装在转子上的位置传感器控制。

（4）永磁式直流伺服电动机　　数控机床上仍有使用永磁式直流伺服电动机的情况，其能在较大过载转矩下长期工作。电动机的转子惯量比其他直流电动机的大，因此能直接与丝杠相连而不需中间传动装置。由于无激磁回路损耗，因而其外形尺寸比其他相类似的激磁式直流电动机的小，可在低速下运转，在 1 r/min 甚至 0.1 r/min 下仍能平稳地运转。

2）按转速高低分

（1）高速直流伺服电动机　　普通高速他激式直流伺服电动机的应用历史最长。这种电动机的转矩和转动惯量很小，不能适应现代伺服控制技术的要求。20 世纪 60 年代末出现了高性能的小转动惯量高速直流伺服电动机。

20 世纪 60 年代中期出现的永磁式直流伺服电动机，转动惯量较大，由于尺寸小、质量小、效率高、出力大、结构简单、无须激磁等一系列优点而被越来越重视，但在低速性能和动态指标上还不能令人满意。

（2）低速大扭矩宽速伺服电动机　　过去军用较多，现在高精度数控机床和工业机器方面应用较多。

3）按激励方式分

按激励方式不同，直流伺服电动机可分为激磁式和永磁式，激磁式电动机又分为他激直流电动机、并激直流电动机、串激直流电动机、复激直流电动机。电磁（他激）式电动机的励磁电流是由另外的独立直流电源供给的，永磁式则是由磁性材料做成永久磁极产生主磁场，这样可以省去激磁电源。

3.直流伺服电动机的机械特性

直流电动机的机械特性是电动机的转速 n 与电磁转矩 M 之间的关系,它反映电动机本身的静、动态特性,用 $n = f(M)$ 表示 n 与 M 之间的函数关系。

$$n = V/(K_E\Phi) - R_a M/(K_E K_M \Phi^2) = n_0 - \Delta n \qquad (5\text{-}4)$$

式中　　n——电枢转速(r/min);

V——电源电压(V);

K_E——电动机常数,与电动机结构有关;

Φ——磁极磁通(Wb);

R_a——电枢电阻(Ω);

K_M——电动机常数,与电动机结构有关,$K_M = 9.55K_E$;

M——电磁转矩(N·m)。

式(5-4)就是他激电动机机械特性方程式。图 5-9 所示为直流伺服电动机的机械特性曲线。

① 负载转矩为零时,$M = 0$ 时,$n = n_0 = V/K_E$,$\Phi =$ 常数,n_0 称为理想空载转速。

② 机械特性曲线的斜率 $k = R_a/(K_E K_M \Phi^2)=$ 常数。

③ 当转速为零时,$n = 0$,即电动机刚通电时的启动转矩为 $M_s = VK_E\Phi/R_a$。

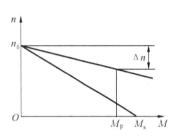

图 5-9　直流伺服电动机的机械特性曲线

④ 当电动机带动某一负载 M_F 时,电动机转速与理想空载转速 n_0 之间会有一个差值 Δn,它反映了电动机机械特性的硬度,Δn 越小,机械特性越硬。

5.2.3　交流伺服电动机

1.交流伺服电动机的分类

交流伺服电动机可分为永磁式交流伺服电动机和感应式交流伺服电动机。

感应式交流伺服电动机为异步电动机,有三相、单相之分,也分鼠笼式和绕线式。常用三相鼠笼式感应式交流伺服电动机,用于主轴伺服系统。

永磁式交流伺服电动机相当于交流同步电动机,常用于进给伺服系统,如图 5-10 所示。

两种伺服电动机的工作原理都是由定子绕组产生旋转磁场,使转子跟随定子旋转磁场一起运行。不同点是永磁式交流伺服电动机的转速与外加交流电源的频率存在着严格的同步

图 5-10　永磁式交流伺服电动机

关系,即电动机的转速等于同步转速;而感应式交流伺服电动机由于需要转速差才能产生电磁转矩,所以电动机的转速低于同步转速,转速差随外负载的增大而增大。

2.永磁式交流伺服电动机的结构原理

永磁式交流伺服电动机的结构如图 5-11 所示。

永磁式同步电动机主要由定子、转子和检测元件(转子位置传感器和测速电动机)三部分组成。其中定子有齿槽,内有三相绕组,形状与普通感应电动机的定子相同。但其外圆多呈多边形,且无外壳,以利于散热,避免电动机发热对机床精度的不利影响。

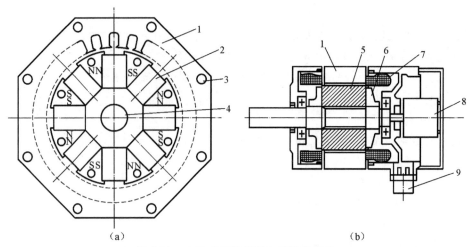

图 5-11　永磁式交流伺服电动机的结构

（a）交流永磁伺服电动机横剖面；（b）交流永磁伺服电动机纵剖面

1—定子；2—永磁铁；3—轴向通风孔；4—转轴；5—转子；6—压板；7—定子三相绕组；8—脉冲编码器；9—出线盒

永磁式交流伺服电动机所用永磁材料的磁性能对电动机的外形尺寸、磁路尺寸和性能指标都有很大影响，如切向式永磁转子适宜用铁氧体或稀土钴合金制造，星形转子只适合用铝镍钴等剩磁感应较高的永磁材料制造。

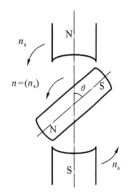

图 5-12　永磁式交流伺服电动机的工作原理

如图 5-12 所示，一个二极（也可以是多极）永磁转子，当定子三相绕组通上交流电源后，就产生一个旋转磁场，该旋转磁场将以同步的转速 n_s 旋转。

磁极同性相斥、异性相吸，定子旋转磁极与转子的永磁磁极互相吸引，并带着转子一起旋转，因此，转子也将以同步转速 n_s 与旋转磁场一起旋转。

当转子加上负载转矩之后，转子磁极轴线将落后定子磁场轴线一个 β 角，随着负载增加，β 角也随之增大，负载减小时，β 角也减小，只要不超过一定限度，转子始终跟着定子的旋转磁场以恒定的同步转速 n_s 旋转。

转子速度 $n_r = n_s = 60f/p$，即由电源频率 f 和磁极对数 p 所决定。

当负载超过一定极限后，转子不再按同步的转速旋转，甚至可能不转，这就是同步电动机的失步现象，此负载的极限称为最大同步转矩。

3．GK6 系列交流伺服电动机简介

GK6 电动机与伺服驱动装置配套后构成交流伺服系统，可广泛应用于机床、纺织、印刷、建材、雷达、火炮控制等领域。

GK6 电动机是永磁式三相交流同步伺服电动机：采用高性能稀土永磁材料形成气隙磁场；采用自冷式，防护等级为 IP64～IP67；由脉宽调制变频器控制运行，具有良好的力矩性能和宽广的调速范围。GK6 电动机带有装于定子绕组内的温度传感器，具有电动机过热保护功能。

GK6 系列交流伺服电动机由定子、转子、高精度反馈元件（如光电编码器、旋转变压器等）组成，其实物如图 5-13 所示。

图 5-13　交流伺服电动机实物图

1) 性能特点

输出力矩为 1.1～70 N·m，额定转速有 1200 r/min、1500 r/min、2000 r/min、3000 r/min 等四挡，光电编码器为 2500 线，转动惯量小，响应速度快，失电制动器电源为 DC 24 V，热敏电阻输出的过热保护，正弦波交流伺服电动机，结构紧凑，功率密度高，超高矫顽力的稀土永磁，抗去磁能力强，多种机座安装尺寸，全密封设计。

2) 标准技术数据举例

GK6 系列为低压系列（见表 5-1），可与三相 220V 输入驱动器匹配。

表 5-1　GK6 系列交流伺服电动机标准数据举例

型　　号	最高转速 /(r/min)	静转矩 /(N·m)	相电流 /A	转动惯量 /(10^{-4} kg/m^2)	质量/kg	适配驱动器/过载倍数
GK6061-6AC31	2000	6	5.5	8.7	10.6	HSV-16-020-1.8
GK6061-6AF31	3000		8.3			HSV-16-030-1.6
GK6107-8AA31	1200	55	33	185.5	38	HSV-16-100/1.8
GK6107-8AC31	2000		855			HSV-16-100/1.5

此外，还有 GM7 高压 380V 系列（略）。

3) 技术特点

GK6 系列交流伺服电动机的技术特点见表 5-2。

表 5-2　GK6 系列交流伺服电动机的技术特点

电动机类型	交流伺服电动机（永磁同步电动机）
磁性材料	超高内禀矫顽力稀土永磁材料
绝缘等级	F 级，环境温度＋40℃时，定子绕组温升可达 ΔT＝100K，可选 H 级、C 级绝缘，定子绕组温升可分别达 125K、145K
反馈系统	标准型：方波光电编码器（带 U、V、W 信号）。 备选型：(1) 旋转变压器，由于振动、冲击较大的环境；(2) 正余弦光电编码器，经细分分辨率可达 2^{20}；(3) 绝对式编码器
温度保护	PTC，正温度系数热敏电阻，20 ℃时 $R \leqslant 250$ Ω。备选：热敏开关，KTY84-130
安装形式	IMB5　备选：IMV1、IMV3、IMV35
防护等级	IP64　备选：IP65、IP66、IP67
冷却	自然冷却
表面漆	灰色无光漆。　备选：根据用户需要
轴承	双面密封深沟球轴承
径向轴密封	驱动端装轴承封圈
轴伸	标准型：a 型，光轴、无键。　备选：b 型，有键槽、带键，或根据要求定制，详见轴伸标准图
振动等级	N 级，备选：R 级、S 级
旋转精度	N 级，备选：R 级、S 级
噪声	GK603≤55 dB(A)；GK604≤55 dB(A)；GK605≤60 dB(A)； GK606≤65 dB(A)；GK607≤65 dB(A)；GK608≤70 dB(A)； GK610≤70 dB(A)；GK613≤70 dB(A)；GK618≤76 dB(A)
连接	接插件（GK603-GK610），备选：出线盒 出线盒（GK613 以上），备选：接插件
选件	免维护高可靠永磁安全制动器（德国产） 高精度行星齿轮减速机或其他类别减速机

4）型号说明

```
GK6 06 1 — 6 A C 3 1 — F B Y1 Z—特殊说明
```

Y—非标准轴伸及安装尺寸，后面数字为顺序号，
b—b型轴伸，带标准键

制动器 B—带制动器 E—无制动器

E：2000 p/r F：2500 p/r R：一对极旋转变压器
反馈元件 N：2048 p/r正余弦编码器 J：绝对值编码器

安装方式 1：IMB5 2：IMV1 3：IMV3 4：IMB3 6：IMB35

适配直流母线电压 2:210 V 3：300 V 6：600 V

额定转速 A：1200 r/min B：1500 r/min C：2000 r/min F：3000 r/min

冷却方式 A：自然冷却 S：强迫风冷

电动机级数：4—4级，6—6级，8—8级

电动机规格代码

中心高（用中心高除以10的整数部分表示）

GK6系列交流伺服电动机

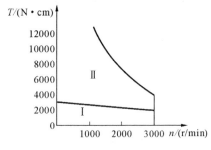

图 5-14 永磁式交流伺服电动机工作曲线
Ⅰ—连续工作区；Ⅱ—断续工作区

4. 永磁式交流伺服电动机的性能

（1）转矩-速度特性曲线（机械特性） 永磁式交流伺服电动机最重要的是电动机的工作曲线，即转矩-速度特性曲线，如图 5-14 所示。

在连续工作区Ⅰ中。速度和转矩的任何组合都可连续工作。但连续工作区的划分受到一定条件的限制。一般说来，有两个主要条件：一是供给电动机的电流是理想的正弦波；二是电动机工作受到温度限制，如温度变化则为另一条曲线，这是由所用磁性材料的负的温度系数所致。在断续工作区Ⅱ中，只允许短时间或间歇性工作。

交流伺服电动机的机械特性比直流伺服电动机的机械特性要硬，其直线更为接近水平线。另外，断续工作区范围更大，尤其是在高速区，这有利于提高电动机的加减速能力。

（2）高可靠性 电子逆变器取代了直流电动机的换向器和电刷，工作寿命由轴承决定。因无换向器及电刷，故可靠性高。

（3）易散热 主要损耗在定子绕组与铁芯上，散热容易，便于安装热保护装置；而直流电动机损耗主要在转子上，散热困难。

（4）转动惯量小 结构上允许高速工作。

（5）体积小、质量小。

5.2.4 直线电动机

随着以高效率、高精度为基本特征的高速加工技术的发展，除了要求高速加工机床必须具有适宜高速加工的主轴部件，动、静、热刚度好的机床支承部件，高刚度、高精度的刀柄和快速

换刀装置,以及高压大流量的喷射冷却系统和安全装置等之外,对高速机床的进给系统也提出了更高的要求,即:高进给速度,最大进给速度达到 60～200 m/min;高加速度,最大加速度应达到 1～10g;高精度。对此,由"旋转伺服电动机＋滚珠丝杠"构成的传统直线运动进给方式已很难适应这样的高要求。由此,一种崭新的传动方式应运而生,这就是直线电动机直接驱动系统,如图 5-15 所示。由于它取消了从电动机到工作台之间的一切中间传动环节,把机床进给传动链的长度缩短为零,因此,这种传动方式被称为"直接驱动",国内也有人称之为"零驱动"。世界上第一台在展览会上展出的,采用直线电动机直接驱动的高速加工中心是德国 Ex-Ce-II-O 公司 1993 年 9 月在德国汉诺威欧洲机床博览会上展出的 XHC240 型加工中心,采用了德国 Indrmat 公司的感应式直线电动机,各轴的快速移动速度为 80 m/min,加速度高达 1g,定位精度达 0.005 mm,重复定位精度达 0.0025 mm。

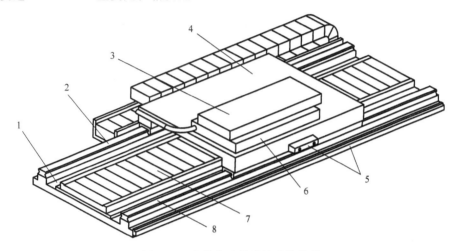

图 5-15　直线电动机进给系统外观

1—次级冷却板;2—滚动导轨;3—初级冷却板;4—工作台;5—位置测量系统;6—初级;7—次级;8—滚动导轨

　　直线电动机是一种能将电信号直接转换成直线位移的电动机。由于直线电动机无须转换机构即可直接获得直线运动,所以它没有传动机械的磨损。并具有噪声低、结构简单、操作维护方便等优点,在生产实践中得到广泛的应用。在数控设备中,直线电动机也已成为重要的驱动元件。

　　1. 直线电动机的工作原理

　　直线电动机的工作原理与旋转电动机相比并没有本质的区别,就是将旋转电动机的转子、定子以及气隙分别沿轴线剖开,展成平面状,将电能直接转换成直线机械运动,如图 5-16 所示。对应于旋转电动机的定子部分,称为直线电动机的初级;对应于旋转电动机的转子部分,称为直线电动机的次级。当多相交变电流通入多相对称绕组时,就会在直线电动机初级和次级之间的气隙中产生一个行波磁场,从而使初级和次级之间相对移动。当然,两者之间也存在一个垂直力,可以是吸引力,也可以是排斥力。直线电动机可以分为直流直线电动机、步进直线电动机和交流直线电动机三大类。在机床上主要使用交流直线电动机。在结构上,可以有如图 5-17 所示的短次级和短初级两种形式。为了减小发热量和降低成本,高速机床所用的直线电动机一般采用图 5-17(b)所示的短初级结构。在励磁方式上,交流直线电动机可以分为永磁(同步)式和感应(异步)式两种。永磁式直线电动机的次级是一块一块铺设的永久磁钢,其初级是含铁芯的三相绕组。感应式直线电动机的初级和永磁式直线电动机的初级相同,而次级是用自行短路的不馈电栅条来代替永磁式直线电动机的永久磁钢。永磁式直线电动机在单位面积推力、效率和可控性等方面均优于感应式直线电动机,但其成本高,工艺复杂,而且给机床的安装、使用和维护带来不便。感应式直线电动机在不通电时是没有磁性的,有利于机床的安装、使用和维护,近年来,其性能不断改进,已接近永磁式直线电动机的水平,在机械行业受到欢迎。

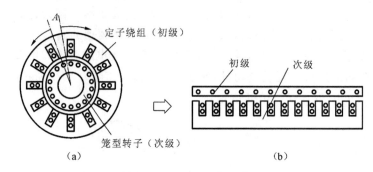

图 5-16　旋转电动机展开为直线电动机的过程

(a) 旋转电动机;(b) 直线电动机

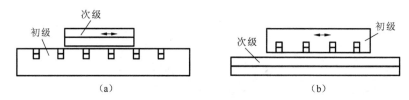

图 5-17　交流直线电动机动态结构图

(a) 短次级;(b) 短初级

2. 使用直线电动机的高速机床系统的特点

(1) 速度高,可达 60 m/min。

(2) 惯性小,加速度特性好,可达 1～2g,易于高速精确定位。

(3) 使用直线伺服电动机,电磁力直接作用于运动体(即工作台)上,而不用机械连接,因此,没有机械滞后或齿节周期误差,精度完全取决于反馈系统的检测精度。

(4) 直线电动机上装配全数字伺服系统,可以得到极好的伺服性能。由于电动机和工作台之间无机械连接件,工作台对位置指令几乎是立即反应,电气时间常数约为 1 ms,使跟随误差减至最小,达到较高的精度。并且,在任何速度下都能实现非常平稳的进给运动。

(5) 无中间传动环节,不存在摩擦、磨损、反向间隙等问题,可靠性高,寿命长。

(6) 直线电动机系统在动力传动中,由于没有低效率的中介传动部件而能达到高效率,可获得很高的动态刚度,动态刚度即为在脉冲负荷作用下,伺服系统保持其位置的能力。

(7) 行程长度不受限制,并可在一个行程全长上安装使用多个工作台。

(8) 由于直线电动机的初级已和机床的工作台合二为一,因此,与滚珠丝杠进给单元不同,直线电动机进给单元只能采用闭环控制系统。

3. 直线电动机在机床上的应用存在的问题

(1) 由于没有机械连接或啮合,因此,垂直轴需要外加一个平衡块或制动器。

(2) 当负荷变化大时,需要重新整定系统。目前,大多数现代控制装置具有自动整定功能,因此能快速调机。

（3）磁铁或线圈对电动机部件的吸力很大，因此，应注意选择导轨和设计滑架结构，并注意解决磁铁吸引金属颗粒的问题。

5.3　速度控制

5.3.1　直流伺服电动机的调速

1.基本调速方式

根据直流电动机的机械特性方程式(5-4)，可得

$$n = V/(K_E\Phi) - R_a M/(K_E K_M \Phi^2) = n_0 - kM \qquad (5-5)$$

因此，调节电枢电压 V、调节电阻 R_a，以及调节磁通 Φ 的值，是基本调速方式。

1）改变电枢电压的调速

用调节电枢电压调速时，直流电动机的机械特性为一组平行线，即机械特性曲线的斜率不变，而只改变电动机的理想转速，保持了原有较硬的机械特性。这种调速方法有以下特点：

① 当电源电压连续变化时。转速可以平滑无级调节，但一般只能在额定转速以下调节；

② 机械特性硬度不变（机械特性曲线的斜率 k 不变），调速的稳定度较高，调速范围较大；

③ 电枢电压调速属恒转矩调速，适合于对恒转矩型负载进行调速。

电枢电压调速是数控机床伺服系统中应用最多的调速方法，晶体管直流脉宽（PWM）调速系统是电枢电压调速原理的具体应用。

2）改变电枢回路电阻的调速

在电枢回路中的电阻只串联一个可变电阻 R_g。

但调节电枢电阻的调速方法是不经济的，故在实际伺服系统中应用较少。

3）改变励磁磁通的调速

由于激磁线圈发热和电动机磁饱和限制，电动机的激磁电流和它对应的磁通只能在低于其额定值的范围内调节。

对于调磁调速，不但改变了电动机的理想转速，而且也使机械特性变软，使电动机抗负载变化的能力降低。它适合于对恒功率型负载进行调速。

基于弱磁调速范围不大，它往往和调压调速配合使用，即在额定转速以下用降压调速，而在额定转速以上则用弱磁调速。

故永久磁铁型直流电动机主要采用改变电枢电压的方法进行调速。

2.晶体管脉宽调制（PWM）调速系统

数控机床驱动装置中，直流伺服电动机速度控制单元多采用晶体管脉宽调制（pulse width modulation，PWM）调速和晶闸管（semiconductor control rectifier，SCR）调速系统。

目前功率晶体管的功率、耐压性能等已大大提高。在中、小功率直流伺服驱动系统中，晶体管脉冲宽度调制得到了广泛应用。

脉宽调制就是使功率放大器中的晶体管工作在开关状态下，开关频率保持恒定，用调整开关周期内晶体管导通时间的方法来改变输出，以使电动机电枢两端获得宽度随时间变化的电压脉冲。脉宽的连续变化，使电枢电压的平均值也连续变化，从而达到调节电动机转速的目的。

晶体管脉宽调制调速利用脉宽调制器对大功率晶体管开关时间进行控制,将直流电压转变成一系列某一频率的单极性或双极性方波电压,加到直流电动机电枢的两端,通过对方波脉冲宽度的控制,改变电枢的平均值,从而达到调整电动机转速的目的。

PWM 调速系统可分为控制部分、晶体管开关式放大器和功率整流器三部分。控制部分包括速度调节器、电流调节器、固定频率振荡器及三角波发生器、脉冲宽度调制器以及基极驱动电路。脉宽调制(PWM)系统的工作原理如图 5-18 所示。

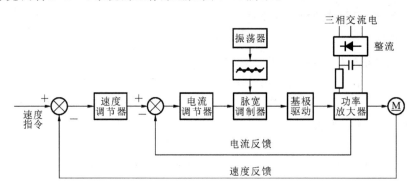

图 5-18　直流伺服电动机 PWM 变频调速系统框图

速度调节器和电流调节器可以采用双闭环控制,其中差别为脉宽调制以及功率放大器部分。脉宽调制是使功率放大器中的晶体管开关工作,开关频率保持恒定,用调整每周期内的导通时间的方法来改变功率晶体管的输出,从而使电动机电枢获得宽度随时变化的确定频率的电压脉冲。脉宽的连续变化,使得电枢电压的平均值也连续变化,因而使电动机的转速连续调整。脉宽调制器也是使电流调节器输出的直流电压电平(随时间缓慢变化)与振荡器产生的确定频率的三角波叠加。然后利用线性组件产生宽度可变的矩形脉冲,经驱动回路放大后加到晶体管的基极,控制其开关周期及导通的持续时间。

脉宽调制器的作用是将电压量转换成可由控制信号调节的矩形脉冲。在 PWM 调速系统中,电压量为电流调节器输出的直流电压量,该电压是由数控装置插补器输出的速度指令转化而来的。经过脉宽调制器变为周期固定、脉宽可变的脉冲信号,脉冲宽度随着速度指令的变化而变化。由于脉冲周期不变,因此脉冲宽度的改变将使脉冲平均电压改变。

脉宽调制器由调制信号发生器和比较放大器两部分组成,调制信号发生器采用三角波发生器。

5.3.2　交流伺服电动机的调速

由电机学基本原理可知,交流伺服电动机的同步转速为

$$n_0 = 60 f / p \tag{5-6}$$

式中　f——电源电压频率(Hz);

　　　p——电动机定子绕组的磁极对数。

1. 交流伺服电动机的调速方法

1) 变频调速

变频调速是平滑改变定子电源电压频率从而使转速平滑变化的调速方法,是一种常用的调速方法,改变频率的装置称为变频器 VFD。

2）改变磁极对数 p

通过对定子绕组接线的切换以改变磁极对数的调速,是一种有级的调速方法,可设计成 $4/2$、$8/4$、$6/4$、$8/6/4$ 等几种。

2. 变频器 VFD

在交流伺服电动机中,定子电压为

$$u_1 = E_1 = 4.44 f_1 K_1 W_1 \Phi_m \tag{5-7}$$

所以

$$\Phi_m = u_1 / 4.44 f_1 K_1 W_1 \tag{5-8}$$

从式(5-8)可知,如果改变频率 f_1 进行变频调速,保持定子电压 u_1 不变,则主磁通 Φ_m 的大小将会改变。但是,在一般电动机中,Φ_m 值是在工频额定电压的运行条件下确定的,为了充分利用电动机铁芯,把磁通量 Φ_m 选在接近磁饱和的数值上。

因此,在变频调速过程中,必须改变电压 u_1,以保持 Φ_m 不变。这种 u_1 和 f_1 的配合变化称为恒磁通变频调速中的协调控制。

如图 5-19 所示,我国电网频率为固定的 50 Hz,常采用功率晶体管或组成的静态变频器,先将工频交流电压整流成直流电压,再经过变频器变换成可变频率、可变电压的交流电压,将这种变频器称为间接变频器,或称交-直-交变频器。间接变频器频率变化范围大,调节线性好,是交流电动机变频调速的典型方法。此外,还有一种是直接变频器。

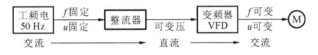

图 5-19　间接变频器调速框图

3. SPWM 变频调速系统

间接变频器输出的都是矩形波,含有较大的谐波分量。用这种矩形波作为电动机电源,不但效率低,而且工作性能也差。若用交流滤波器滤去谐波分量,会使脉冲波形特性变坏。采用脉宽调制技术(PWM 变频器)可解决上述问题。

采用了脉冲宽度调制逆变器的变频器简称 PWM 变频器。PWM 变频器输出的是一系列频率可调的脉冲波,脉冲的幅值恒定,宽度可调。根据 u_1/f_1 的比值,在变频的同时改变电压,如按正弦波规律调制,就得到接近于正弦波的输出电压,从而使谐波分量大大减小,提高了电动机的运行性能。

PWM 变频器的工作原理如图 5-20 所示。

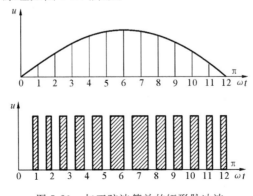

图 5-20　与正弦波等效的矩形脉冲波

图 5-20 中将正弦波正半周等分成 12 等分,每等分可用一个矩形脉冲等效。等效是指在相应的时间隔内,正弦波每等分包含的面积与矩形脉冲的面积相等,系列脉冲波就等效于正弦波。

这种用相等时间间隔正弦波的面积调制的脉冲宽度,称为正弦波脉宽调制(SPWM)。

显然,单位周期内脉冲数越多,等效的精度越高,输出越接近正弦波。

图 5-21 所示为交流伺服电动机 SPWM 变频调速系统框图。

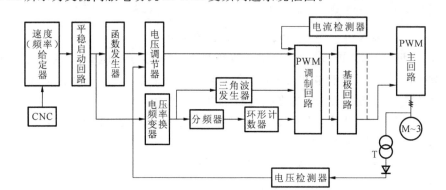

图 5-21　交流伺服电动机 SPWM 变频调速系统框图

根据 CNC 原理,速度(频率)给定器给定信号,用以控制频率、电压及正反转;平稳启动回路使启动加减速时间可随机械负载情况设定达到软启动目的;函数发生器是为了在输出低频信号时,保持电动机气隙磁通 Φ 一定,补偿定子电压降的影响而设置的;电压频率变换器将电压转换为频率,经分频器、环形计数器产生方波,和经三角波发生器产生的三角波(等距三角波载波信号,作为相应调制回路的开关点,即开断信号)一并送入调制回路;电压调节器和电压检测器构成闭环控制;电压调节器产生频率与幅度可调的控制正弦波,送入调制回路;在调制回路中进行 PWM 变换,产生三相的脉冲宽度调制信号;在基极回路中,输出信号至功率晶体管基极,即对 SPWM 的主回路进行功率等控制,实现对永磁式交流伺服电动机的变频调速;电流检测器进行过载保护。

改变速度给定信号,就可以控制电动机的转速。

5.4　位　置　控　制

进给伺服系统是 CNC 系统中一个重要组成部分,它的性能直接决定 CNC 系统的快速性、稳定性和精确性。进给伺服系统是以位置为控制对象的自动控制系统,对位置的控制是以对速度控制为前提的,而伺服电动机及其速度控制单元,只是伺服控制系统中的一个组成部分。对于位置闭环控制的进给系统,速度控制单元是位置环境的内环,它接收位置控制器的输出,并将这个输出作为速度环路的输入命令,去实现对速度的控制;对于性能好的速度控制单元,它将包含速度控制及加速度控制,加速度控制环路是速度环路的内环;对速度控制而言,如果接收速度控制命令,接收反馈实际速度并进行速度比较,以及速度控制器功能都是微处理器及相应软件来完成的,那么速度控制单元常称为速度数字伺服单元;对于加速度环路亦是如此类推。对于位置控制,若位置比较及位置控制都由计算机完成,这当然是位置数字伺服系统,目前,在高性能的 CNC 系统中,位置、速度和加速度是数字伺服的,至少位置、速度是数字伺服的。对于那些全功能中档数控系统,则有的位置环控制是计算机完成的,而速度环则是模拟伺服的,对于这种情况,位置控制器输出往往是数字量,需经 D/A 转换后,作为速度环的给定命令。

5.4.1　进给伺服系统的概述

对数控机床进给伺服系统有多种分类方式。若按照有无位置检测和反馈环节以及位置检测元件的安装位置来分类,可以将进给伺服系统分为开环、半闭环和闭环三种类型。若按照进给伺服系统的进给轨迹来分类,可以将其分成点位控制系统和轮廓控制系统两类。

对于轮廓控制的进给伺服系统来说,它在进给运动中要连续地接收来自 CNC 装置的运动控制指令。这一指令可以是连续的脉冲序列,也可以是一个接一个的数字。若按照运动控制指令的形式来分,又可将轮廓控制的进给伺服系统分为数据采样式和基准脉冲式两类。

5.4.2　伺服系统常用的控制方式

数控机床的位置伺服控制按其结构可分为开环控制和闭环(半闭环)控制。详细分类,开环控制又可分为普通型和反馈补偿型。闭环(半闭环)控制也可分为普通型和反馈补偿型。开环步进式伺服系统已在前面的章节中讲述,这里分析其他有关的控制方式。

1.反馈补偿型开环控制

开环系统的精度较低,这是由于步进电动机的步距误差、启停误差、机械系统的误差都直接影响到定位精度所致。可采用补偿型进行改进,其原理结构图如图 5-22 所示。

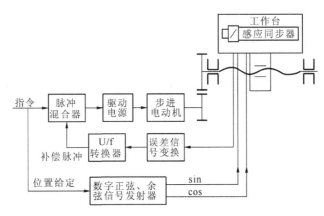

图 5-22　反馈补偿型开环控制的原理结构图

该系统由开环控制和感应同步器直接位置测量两个部分组成。这里的位置检测不用作位置的全反馈,而是作为位置误差的补偿反馈。它的基本工作原理如下:由数控装置发出的指令脉冲,一方面供给开环系统,控制步进电动机按指令运转,并直接驱动机床工作台移动,构成开环控制;另一方面该指令脉冲又供给感应同步器的测量系统,作为位置给定(设为 ϕ 角),工作在鉴幅方式的感应同步器此时既是位置检测器,又是比较器,它把由正弦、余弦信号发生器给定的滑尺励磁信号(ϕ)与由步进电动机驱动的定尺移动位置(设为 θ)及时进行比较。由于两者的指令是同一个,假定开环控制部分没有误差,则 $\phi=\theta$,定尺输出的误差信号 $e=0$,即不需要补偿,系统的工作状况与通常的开环系统没有区别。但是,实际上开环控制部分不是没有误差的,所有上述的种种因素造成的位置误差都直接反映到指令位置与实际位移位置之间的差别上,也精确地反映到感应同步器的励磁位置(ϕ)与实际位置 θ 之间的差别上,因此定尺误差信号 $e \neq 0$。该误差信号经过一定处理线路后,再由电压频率变换器产生变频脉冲,把它与指令脉冲相加减,从而对开环控制达到位置误差补偿的目的。

可见,这种系统具有开环与闭环两者的主要优点,即具有开环的稳定性和闭环的精确性。不会因为机床的谐振频率、爬行、死区、失动等因素而引起系统振荡。反馈补偿型开环控制不需间隙补偿和螺距补偿。其缺点是增加了费用。

2.闭环控制

由于开环控制的精度不能很好地满足机床的要求,为了提高伺服系统的控制精度,最根本的办法是采用闭环控制方式。即不但有前向控制通道,而且有检测输出的反馈通道,指令信号与反馈信号相比较后得到偏差信号,实现以偏差控制的闭环控制系统,其原理结构如图 5-23 所示。

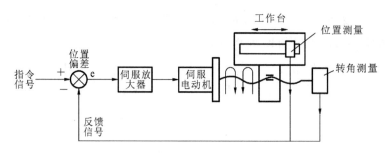

图 5-23　闭环(半闭环)控制原理结构图

在闭环控制中,对机床移动部件的移动用位置检测装置进行检测并将测量结果反馈到输入端与指令信号进行比较。如果二者存在偏差,将此偏差信号进行放大,控制伺服电动机带动机床移动部件向指令位置进给,只要适当地设计系统校正环节的结构与参数,就能实现数控系统所要求的精确控制。

从理论上讲,闭环控制系统位置伺服的精度取决于测量装置的测量精度。自然,机床结构及传动装置的精度也不可忽视,如传动间隔的非线性亦将影响到系统的品质。

为保证伺服系统的稳定性,并具有满意的动态品质,在数控机床伺服系统中有时还引入速度负反馈通道,如图 5-24 所示。

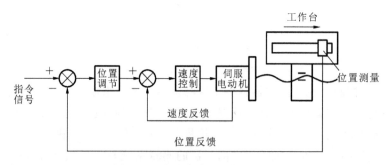

图 5-24　有速度内环的闭环系统

从系统的结构来看,该系统可看成是以位置调节为外环、速度调节为内环的双闭环控制系统,系统的输入是位置指令,输出是机床移动部件的位移。分析系统内部的工作过程,它是先把位置输入转换成相应的速度给定信号后,再通过速度控制单元驱动伺服电动机,再实现实际位移控制的。由于数控机床进给速度范围可以为 3~10000 mm/min,甚至更大,这就规定了处于内环的调速系统必须是一个高性能的宽调速系统。在闭环控制中,机床的进给传动部分被包含在环内。因此,机械系统引起的误差可由反馈得以消除。由于环内包括机械部分,它的参数、刚度、摩擦特性、转动惯量和失动等非线性特性对伺服系统的动态和静态会产生影响,对系统的稳定性会产生影响。所以在系统设计时,必须对机电参数综合考虑,以求获得良好的系统特性。

闭环控制可以获得较高的精度和速度,但制造和调试费用大,适合于大中型精密数控机床应用。

3.半闭环控制

对于闭环控制系统,合理的设计可以得到可靠的稳定性和很高的精度,但是直接测量工作台的位置信号需要用如光栅、有磁尺或直线感应同步器等安装、维护要求较高的位置检测装置。通过对传动轴或丝杠角位移的测量,可间接地获得位置输出量的等效反馈信号。由于这部分传动引起的误差不包含从旋转轴到工作台之间的传动链,因此这部分传动引起的误差不能被闭环系统自动补偿,所以称这种由等效反馈信号构成的闭环控制系统为半闭环伺服驱动器,这种控制方式称为半闭环控制方式。

4.反馈补偿型半闭环控制

图 5-25 所示为反馈补偿型半闭环控制的一种原理结构图。构成半闭环控制的检测元件是旋转变压器 R,而直接位置检测的感应 I 不构成位置全反馈,只作误差补偿量反馈,其补偿原理与开环补偿系统相同。由 R 和 I 组成的两套独立的测量系统均以鉴幅方式工作。两者的区别在于 R 测量系统的励磁信号 sin、cos 的 ϕ 角是由它的反馈脉冲自动修改,故可以保证 ϕ 始终跟踪 θ 的变化,而 I 测量系统的励磁信号 sin、cos 的电气角 ϕ 是由数控装置给定的。感应同步器在不断地比较 θ 与 ϕ 角,当发现 $\theta \neq \phi$ 时,产生误差信号,经变换后产生补偿脉冲加到脉冲混合电路,对指令脉冲进行随机补偿,以提高整个系统的定位精度。该系统的缺点是成本高,要用两套检测系统,其优点是比全闭环系统容易调整,稳定性好,适合用作高精度大型数控机床的进给驱动。

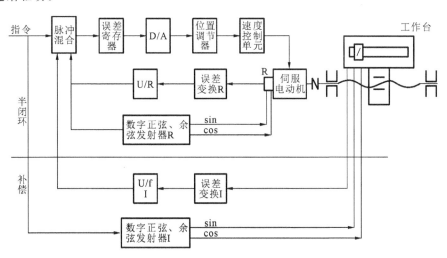

图 5-25　反馈补偿型半闭环控制的原理图

5.4.3　数控机床运动方式对伺服系统的要求

按照数控机床加工的运动方式的不同,数控机床可分为点位控制、点位直线控制和轮廓控制三种运动方式。从对伺服系统要求的角度,分析点位控制和轮廓控制就可满足要求。

1. 点位控制

点位控制是指机床移动部件只能够实现由一个位置到另一个位置的精确移动,在移动和定位的过程中不进行任何加工,机床移动部件的运动路线并不影响加工的孔距精度。如坐标钻床、坐标镗床以及冲床等就采用点位控制系统。点位控制只需控制行程终点和坐标值,而不控制点与点之间的运动轨迹,因此几个坐标轴之间的运动不需要有任何联系。在点位控制的构成中,就不需要加工轨迹的计算装置。为了尽可能地减少移动部件的运动和定位时间,通常先以快速移动,然后采用三级减速,以减小定位误差,保证良好的定位精度。

点位控制对伺服系统的基本要求是保证实现高的定位精度和快的定位效率。采用闭环方式的点位控制就能满足要求。显然,稳定误差是点位控制的主要品质指标。

2. 轮廓控制

对于像数控车床、铣床和加工中心的数控系统,要求刀具在相对工件移动的过程中,一边进给一边进行切削加工。因此,进给控制的过程也是工件切削加工的过程。伺服系统控制工作台行进的轨迹,即工件要求加工的轮廓,所以称为轮廓控制。

轮廓控制的伺服系统除了有精确定位的要求外,还必须随时控制进给轴的伺服电动机的转向和转速,以保证数控加工轨迹能准确地复现指令的要求。由于轮廓控制伺服系统可能频繁地处于过渡过程中。动态误差将上升为影响加工精度的主要矛盾。特别在圆弧切削加工中,由于实际进给过程中速度的跟随误差,将直接造成轮廓形状与尺寸的误差。对于 2 轴及 2 轴以上联动的数控系统,不仅每个驱动轴要尽可能增大系统速度增益以减少速度跟随误差,而且必须使各轴的速度增益相接近,才能保证 2 轴以上联动时的加工精度。尤其在速度增益较小时,这个要求更为严格。

总之,轮廓控制要求伺服系统速度稳定,跟随误差小,并在很宽的速度范围内有良好的稳态和动态品质。

5.4.4　检测信号反馈比较方式

从控制原理中知道,闭环伺服系统是由指令信号与反馈信号相比较后得到偏差,再实现偏差控制的。在数控机床位置伺服系统中,由于采用的位置检测元件不同,从而引出指令信号与反馈信号不同的比较方式。通常可分为三种,即脉冲比较、相位比较和幅值比较。

5.4.5　前馈控制介绍

在一些高档的数控系统中,采用了前馈控制、预测控制和学习控制的方法来改善系统的性能,在这里只对前馈控制技术进行简要介绍。

采用前馈技术的进给伺服系统的结构如图 5-26 所示。在图 5-26 中,$F(s)$ 表示前馈控制环节。

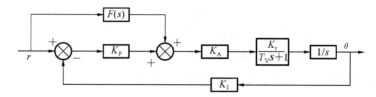

图 5-26　前馈控制结构图

采用前馈控制技术的进给伺服系统的总的闭环传递函数如下:

$$G_F(s) = \frac{\dfrac{K_A K_V}{(T_V s + 1)s}[K_P + F(s)]}{1 + \dfrac{K_P K_A K_V K_J}{s(T_V s + 1)}} \tag{5-9}$$

若令 $F(s) = \dfrac{s(T_V s + 1)}{K_A K_V K_J}$，则可将式(5-9)化简成为

$$G_F(s) = \frac{1}{K_J} \tag{5-10}$$

这表明，进给伺服系统可以用一个比例环节来表示。如果真能做到这样，进给伺服系统的性能当然是好极了，但事实上这是很难实现的。从 $F(s)$ 的表达式可以看出，若要将进给伺服系统的传递函数 $G_F(s)$ 简化成如式(5-10)所示的比例环节，需要引入输出信号 $r(t)$ 的一阶导数，令 $F(s) = s/(K_J K_A K_V)$，这就是前馈环节的传递函数。

进给伺服系统的跟随误差是与位置输入信号 $r(t)$ 的一阶导数 v 成正比的，v 也就是指令速度。现在利用前馈环节 $F(s)$，引入了 $r(t)$ 的一阶导数，其目的就是要对系统的跟随误差进行补偿，从而大大地减小了跟随误差。

习　题

5-1　简述数控机床伺服系统的组成。

5-2　伺服系统主要分为几类？各类进给伺服系统的控制原理是什么？它们各有哪些优缺点？

5-3　简述步进电动机的工作原理。什么是步距角？它与哪些因素有关？其转速与哪些因素有关？

5-4　设计一个步进开环伺服系统，已知系统选定的脉冲当量为 0.03 mm/脉冲，机床丝杠与工作台以螺杆螺母传动，螺杆的螺距为 7.2 mm。

(1) 步进电动机的步距角选多大为宜？

(2) 若已选步进电动机的转子上开有 40 个小齿，试求脉冲分配器的输出应为几相几拍，并写出正向和反向进给脉冲分配器输出信号状态的变化规律。

5-5　交流伺服电动机的调速有哪些方法？

5-6　变频器分为哪两大类？各有什么特点？

5-7　正弦波脉宽调制(SPWM)变频器有什么特点？简述其工作原理。

5-8　主轴定向控制的作用是什么？

5-9　何谓直线电动机？数控机床采用直线电动机驱动有什么优点和不足？

5-10　为什么数控机床主轴要进行分段无级变速控制？

5-11　为什么多数数控机床的进给系统宜采用大惯量直流电动机？

第6章 数控机床的机构设计

```
本 章 要 点
    本章主要对数控机床的设计、工作状态和性能进行整体的介绍,并着重介绍主传动设
计、进给传动系统和自动换刀系统。
```

6.1 数控机床总体机构设计

6.1.1 对数控机床总体设计的要求

1. 对机床性能的要求

（1）工艺范围　机床工艺范围是指机床适应不同生产要求的能力,包括:机床可完成工序种类,加工零件的类型、材料和尺寸范围,毛坯种类等。数控机床可在一次装夹下完成多种工序的加工,重新调整机床很方便,故适用于中小批生产。近年来,已开始用于汽车制造等行业的大批量生产。从单件到大批量都可以充分发挥数控机床的高生产率、低废品率、减少半成品储备、缩短生产周期、便于调整等优点。

数控机床已经从简单的数控车床、数控镗铣床等向工序更加广泛,更为集中的数控车削加工中心、数控镗铣加工中心等进一步发展。在很多情况下,工序内容包括车、铣、钻、镗、攻螺纹、铰、磨、挤压、测量等。随着生产的发展,机床品种会越来越多,工艺范围会更加广泛。数控技术在齿轮机床、磨床、电加工机床、数控重型机床和数控成形机床等机床上的应用,使它们在加工精度、生产率、产品质量上都有很大的提高。

（2）加工精度　机床加工精度是指尺寸、形状和位置精度。数控机床本身的精度主要是几何精度、运动精度和定位精度。几何精度是指机床在不运动或运动速度较低时的精度,它是由机床各主要部件的几何精度和它们之间的相对位置与相对运动轨迹的精度决定的;运动精度是指机床的主要运动部件在工作状态下的轨迹精度;定位精度是指机床主要部件在运动终点所达到的实际位置的精度。数控机床各坐标轴的进给运动精度主要是运动精度和定位精度。开环系统的进给精度主要取决于传动件的精度、伺服系统的分辨率、导轨的导向精度等。在闭环和半闭环系统中,由于检测元件的反馈作用,进给运动的定位精度和运动精度大幅度提高。低档数控系统的分辨率为 $10\ \mu m$,中档为 $1\ \mu m$,高档为 $0.1\ \mu m$。分辨率是指最小输入单元,在理想的情况下定位精度应等于分辨率。但由于存在进给传动误差、加/减速惯性、热变形、刚度、振动、摩擦等因素的影响,定位精度低于分辨率。

低速运动的平稳性也是影响精度的重要因素,由于数控机床的定位精度要求高,有时需要单步微量运动,因而坐标轴运动部件不能产生爬行现象。为减少爬行,数控机床常采用动静摩擦因数近乎相等的贴塑导轨、滚动导轨、液体静压导轨、气浮导轨和气压卸荷导轨等。

2. 满足机床刚度和抗振性的要求

机床在切削加工中,它的零、部件应具有一定的抵抗外载荷及其变化的能力,以保证在受力条件下各主要零、部件之间保持正确的相对位置。这就要求机床具有一定的刚度。机床的抗振性包括两个方面:抵抗受迫振动的能力和抵抗自激振动的能力。如果振源的频率与机床某主要部件(如主轴组件、床身等)的某一振型(如弯曲振动、扭转振动等)的固有频率重合时,将发生共振。这时振幅大增,加工表面粗糙度将会大大地增加。切削自激振动产生于切削过程之中,如果切削不稳定,则切过的表面,其波纹度将越来越大,振动也越来越剧烈,将严重影响加工表面的质量。

3. 减少热变形要求

机床由于受到内、外热源的影响,以及各部件间的热量不均衡,会产生热变形,破坏机床的原始精度,造成工件与刀具之间的相对运动关系失常,从而影响零件的加工精度,为此应采取如下措施。

(1) 减少热源的发热　尽可能将热源从主机中分离出去。目前多数数控机床的电动机、主轴箱、液压系统、油箱等都已外置。此外为减少发热,应减小摩擦损耗,提高运动件的精度。

(2) 采取必要的散热措施　对高速、快速进给的机床,应采用强制的冷却措施;对刀具切削热,应采用大流量冷却液冲洗切削部位进行冷却;对高速主轴及轴承发热,应采用主轴内冷或带有冷却套筒结构进行循环冷却;对轴承的润滑可采用油气润滑、喷注润滑或突入滚道润滑等方式,使之减少发热,加快散热,降低温升;对高速进给系统中的滚珠丝杠副应采用中空的丝杠,使冷却液从中间孔通过,带走热量,也可在螺母内钻孔,形成冷却循环通道,对螺母进行强制冷却。

(3) 采取均热措施　若能使有关部件间热量均衡,热变形相等,也可抵消因热变形产生的误差。如设计成对称式结构,可使两部分所产生的变形相等,双立柱加工中心就是其中一例。

4. 对机床可靠性的要求

机床工作的可靠性是一项重要的技术经济指标。数控机床是机电一体化设备,包括计算机、电子器件、液压元件和机械构件等,在自动加工中不允许出现任何差错。尤其是在加工系统中,例如柔性制造系统、无人的自动化工厂等,对机床可靠性要求更高,因为一台机床的故障会造成全线停产,其损失是巨大的,是不允许的。

5. 对速度的要求

机床的速度包括主轴转速、进给速度、换刀时间等,速度是效率指标。为缩短制造周期,提高效率,适应高速切削的要求,数控机床的速度越来越高,有些机床主轴转速的 $D_m n$ 值(前轴承的中径和转速的乘积)已达到$(1 \sim 1.5) \times 10^6 \, \text{m/min}$;进给速度达到 $100 \, \text{m/min}$ 以上,有的达到 $240 \, \text{m/min}$,换刀时间缩短为 $0.5 \, \text{s}$。高速促进了新技术的发展,高性能主轴组件、大导程高速滚珠丝杠、直线导轨、直线电动机等都是适应高速要求而发展起来的。

6. 经济效益

在保证实现机床性能要求的同时,还必须使机床具有相应的经济效益。不仅要考虑机床设计和生产的经济效益,更主要的是从用户出发,提高工厂的经济效益。机床成本要低,生产效率要高,用于大批量生产的数控机床,由于不要求很高的万能性,因而坐标轴数也可少些;由于所需刀具数量少,刀库可小些,可不用机械手,采用直接换刀方式,这样不但能大幅度降低成本,并可提高生产率。当要求万能性较大时,可在一台机床上完成不同类型零件的加工,把镗、铣、钻、车甚至更多工序在同一台机床上实现,虽然单台机床价格高,但因其生产效益高,总的经济效益还是高的。有些零件(如螺旋桨、汽轮机叶片等),普通机床的加工无法完成设计要求,而数控机床则能很好地满足要求,能够带来明显的经济效益。

7. 人机关系要求

机床应操纵方便、省力、容易掌握、不易发生操作错误和故障。这样不仅能减少工人的劳动强度,保证工人和机床的安全,还能提高机床的生产率。防止机床对周围环境造成污染,是对机床设计和制造提出的一项主要要求。噪声要低,不仅噪声值要在规定值以下,而且不能令人耳有强烈的不适感。渗、漏油必须避免。如果采用油雾润滑,必须保证油雾不得逸散到周围环境中去,以免对人体造成危害。机床造型要美观大方,色调和谐,使操作者在一个舒适的环境中工作。

对于上述各项技术经济指标,在设计机床时应进行综合考虑,并应根据不同的需要,有所侧重。

6.1.2　数控机床的总体布局

数控机床的布局,用于解决机床各部件间的相对运动和相对位置的关系。数控机床由普通机床发展而来,因此,有的仍然保持普通机床的基本布局形式。大多数的数控机床和加工中心,由于采用数控技术、伺服系统和增设了刀库和机械手,其机床的布局形式发生了很大的变化。

在数控机床和加工中心中,由于运动部件是由伺服电动机单独驱动的,各运动部件的坐标位置是由数控系统控制的,因而各坐标方向的运动可以精确地联系起米,根据控制软件的数学模型不同,可有两坐标轴联动、三坐标轴联动、四坐标轴联动、五坐标轴联动或更多坐标轴联动的数控机床,这是普通机床不能实现的,这也导致数控机床的布局发生很大的变化。

由于对数控机床(加工中心)的生产率和万能性的要求不同及所需刀具的数量的不同,因而,对刀库的大小、刀库的位置、换刀方式、有无机械手等都有影响,也影响了机床的布局形式。有些机床需要更换工作台,也有些机床要求更换主轴箱和刀匣,也使得机床有相应的布局形式。

总之,数控机床的布局,是根据需要来设计的,是一种总体的优化设计,下面仅就某些机床的布局思想作一些简单介绍。

1. 满足多刀加工的布局

图 6-1 所示为具有可编程尾座的双刀架数控车床,床身为倾斜形状,后侧有两个数控回转刀架,可实现多刀加工,尾座可实现编程运动,也可安装刀具加工。

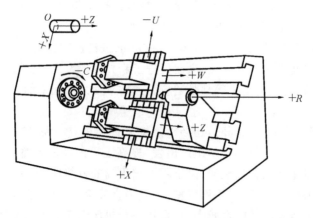

图 6-1　具有可编程尾座的双刀架数控车床

2.十字工作台结构的布局

有些数控机床是在普通机床结构的基础上发展而来的,其布局也与普通机床类似,十字工作台结构类似于普通铣床的布局。由于加工中心都带有刀库,刀库的形式和布局也影响机床的布局,因此带有十字工作台结构的加工中心有多种布局形式。图 6-2 所示为一种立式加工中心,刀库位于机床侧面,其立柱、底座和工作台、主轴箱的布局与普通机床的区别不大。图 6-3 所示为刀库安装在立柱顶部的卧式加工中心,盘式刀库,其工作台和立柱的布局与普通机床的类同。

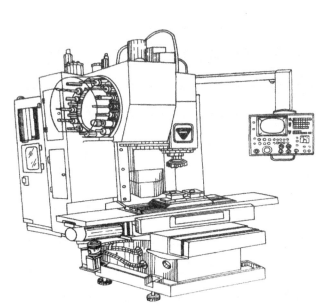

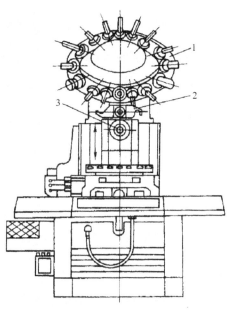

图 6-2　刀库装在侧面的立式加工中心　　　　图 6-3　刀库安装在立柱顶部的卧式加工中心

　　　　　　　　　　　　　　　　　　　　　　　1—刀库;2—机械手;3—主轴

3.满足多坐标联动要求的布局

一般数控车床都可以实现 X、Z 方向的联动。镗铣加工中心都有 X、Y、Z 三个方向的坐标运动。有些还有 U、V、W、A、B、C 中的一个、两个或多个坐标运动,通常可分别实现 X、Y、Z、U、V、W、A、B、C 任何方向的三坐标、四坐标、五坐标轴联动,甚至可实现更多坐标轴联动。图 6-4 所示为五坐标轴联动的加工中心,有立、卧两个主轴,可交替地进行加工,卧式加工时立式主轴退回,立式加工时卧式主轴先退回,然后立式主轴前移进行加工。工作台不但可以上下、左右移动,还可以在两个坐标方向上转动。多盘式刀库位于立柱的侧面。该机床在一次装夹工件时可完成五个面的加工,适用于模具、壳体、箱体、叶轮和叶片等复杂零件加工。图 6-5 所示为五轴联动的加工中心,立柱做 Z 向和 X 向移动,主轴沿立柱导轨做 Y 向移动,工作台可绕 A、B 两个坐标轴方向转动,实现五轴联动。除装夹面外,可对其他各面(包括任意斜面)进行加工。

图 6-6 的布局特点是立柱可移动方式,十字床鞍 2 在倾斜 30°的床身 3 上做 X 向运动,立柱 1 沿十字床鞍 2 的上导轨做 Y 向运动,主轴箱 6 沿立柱导轨做 Z 向运动,主轴 5 可绕 B 轴在 0~110°内转动,回转工作台 4 可绕 C 轴转动 360°可实现五坐标联动加工。回转工作台 4 的底座固定安装在床身前侧的支架上,与运动部件分别位于床身机座的两侧,使切屑不能进入运动部件区。

图 6-7 所示为立柱固定的布局方式,工作台工做 X、Y、C 轴运动,主轴箱沿立柱导轨做 Z 向运动,主轴不但可做 B 轴转动,还可做 W 轴移动。可实现 3~6 轴联动控制,能实现 X(2)、

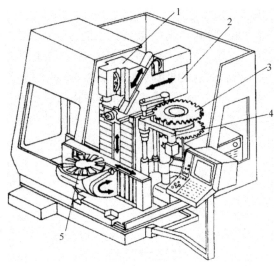

图 6-4　有立、卧两主轴的五坐标联动加工中心
1—立轴主轴箱；2—卧轴主轴箱；3—刀库；4—机械手；5—工作台

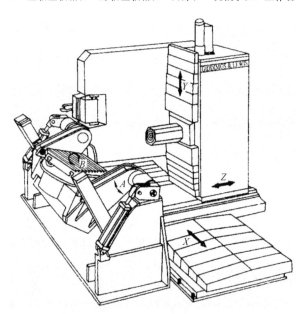

图 6-5　工作台可绕 A、B 轴旋转的五轴联动加工中心

$Y(1)$ 、$Z(3)$ 轴联动和 $C(4)$ 、$W(5)$ 、$B(6)$ 轴的数控定位控制，除夹紧面外能够进行其他所有面的加工。这种布局方式在大、中、小型机床上都有应用。

　　图 6-8 所示为工作台可作 $B(A)$、C 两轴旋转的五坐标加工中心，圆台 5 装在床身 3 上，能绕水平轴在 $105°(-10°\sim+95°)$ 范围内做 B 轴方向摆动。工作台 4 装在圆台 5 的下部，随圆台 5 摆动，并能在 C 轴方向旋转 $360°$，台面有 T 形槽，用来固定工件。床鞍 2 装在床身 3 的上面，可沿 X 方向往复移动，横向滑座 1 装在床鞍 2 的上面，沿 Y 向移动。主轴箱滑枕 8 装在横向滑座 1 的垂直导轨上，做 Z 向运动。这样，主轴 6 有 X、Y、Z 三个方向的运动。这种圆台、床鞍、横向滑座串联布局方式，适用于中小型机床。由于这种机床带有垂直圆台 5，使工件可沿 B 轴转较大的角度，用于加工五面体工件较为方便。机床上装有斗笠式刀库 7，可装 16～24 把刀具。这种刀库可不用机械手，主轴移近刀库便可直接换刀。

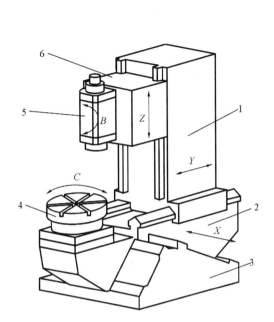

图 6-6　十字床鞍移动立柱结构的加工中心
1—立柱;2—十字床鞍;3—床身;
4—回转工作台;5—主轴;6—主轴箱

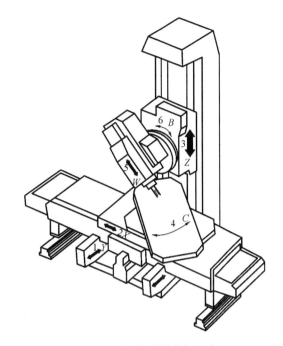

图 6-7　立柱固定结构的加工中心

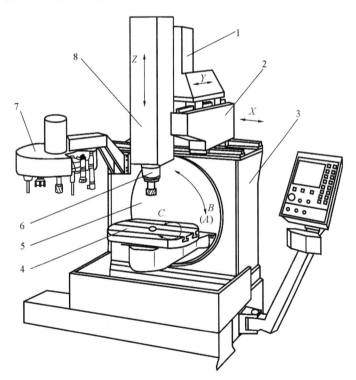

图 6-8　有 $B(A)$、C 轴的加工中心
1—横向滑座;2—床鞍;3—床身;4—工作台;5—圆台;6—主轴;7—刀库;8—主轴箱滑枕

4.适应快速换刀要求的布局

如图6-9所示的加工中心无机械手,换刀时刀库移向主轴,直接换刀。刀具轴线与主轴轴线平行。不用机械手可减少换刀时间,提高生产率。图6-10所示为转塔主轴箱的布局形式,转塔头上装有两把刀,主轴轴线成45°,当水平方向的主轴加工时,待换刀具的主轴换刀,换刀时间和加工时间重合。转塔回转180°,换上新的刀具就可工作,可有效地提高生产率。

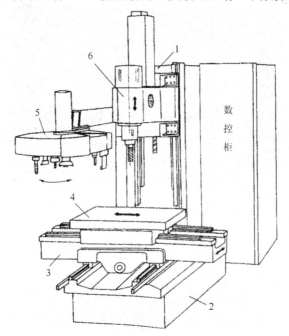

图6-9 无机械手直接换刀的加工中心

1—立柱;2—底座;3—横向工作台;4—纵向工作台;5—刀库;6—主轴箱

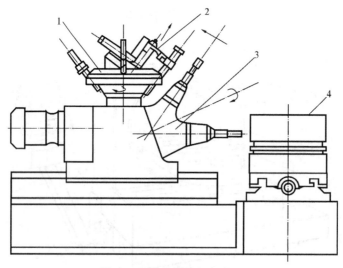

图6-10 带转塔的加工中心

1—刀库;2—机械手;3—转塔头;4—工作台

5.适应多工位加工要求的布局

图6-11所示为多工位加工的加工中心,它有一个四工位回转工作台,三个工位为加工工位,一个工位为装卸工件工位,该机床可实现多面加工,因而生产率较高。

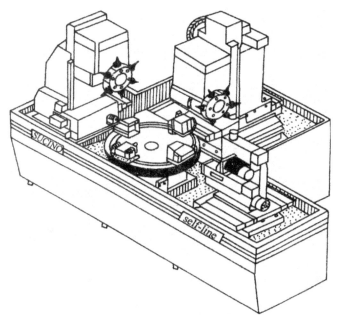

图 6-11　多工位加工的加工中心

6.适应可交换工作台要求的布局

图 6-12 所示为可交换工作台的加工中心,机床上装有 5 和 6 两个可交换的工作台,一个工作台上的零件在加工时,另一个工作台可装卸工件,工件加工完成后,两个工作台互相换位,这样就使装卸工件的时间和加工时间重合,减少辅助时间,提高生产率。

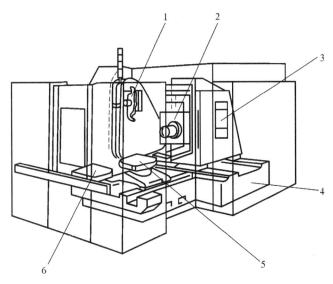

图 6-12　可交换工作台的加工中心

1—机械手;2—主轴头;3—操作面板;4—底座;5,6—可交换的工作台

7.工件不移动的机床布局

当工件较大、移动不方便时,可使工件不动,让机床立柱移动,移轻避重。图 6-13 所示为工件不移动的加工中心,机床的布局是底座、床鞍、立柱串联安装形式,立柱可做 X、Z 方向移动,主轴在立柱上做 Y 向运动,而工作台不动。对于一些大型镗铣床,通常工件比立柱重,大多采用这种布局。

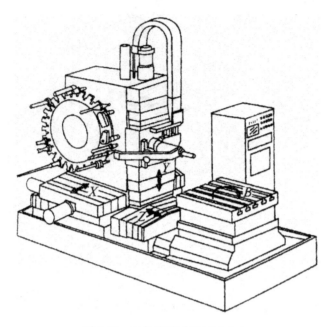

图 6-13　工件不移动的加工中心

8.为提高刚度减小热变形要求的布局

　　卧式加工中心多采用框架式立柱,结构的刚度高,受力变形小,抗振性能好。如图 6-14 所示的双立柱框架结构,主轴位于两立柱之间,可上下移动,当主轴发热时,两立柱的温升相同,因而热变形也相同,对称的热变形可使主轴的位置保持不变,因而提高了精度。图 6-15 所示为框中框结构,双立柱框架 7 固定在底座 1 上,它的导轨是水平方向的,活动框架 6 沿框架 7 的导轨做 X 方向运动,主轴箱 5 在活动框架 6 上做 Y 向运动,工作台 3 既可做 Y 向转动,也可做 Z 向运动。由框架 6 和框架 7 构成的框中框结构,结构的刚度高,运动平稳,因而机床的加工精度较高。

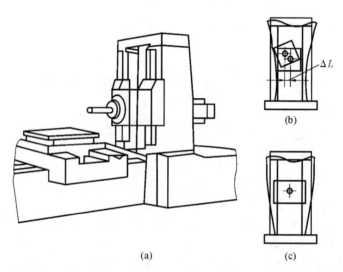

图 6-14　框架式立柱的加工中心

（a）卧式加工中心;（b）主轴箱以左立柱侧面定位;（c）主轴箱以左右两立柱侧面定位

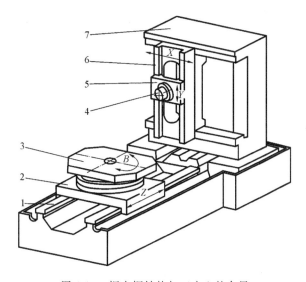

图 6-15　框中框结构加工中心的布局

1—底座;2—滑座;3—工作台;4—主轴;5—主轴箱;6—活动框架;7—双立柱框架

9.倒置式车削中心的布局

图 6-16 所示为一种倒置式车削中心的布局形式,主轴套筒 3 和内置电动机定子 1 固定在一起,主轴和电动机的中心线重合。主轴套筒 3 的外径和电动机定子 1 的外径又作为滑动面可在滚珠丝杠 2 的驱动下沿支座 8 内的圆导轨上下移动。支座 8 的底面有导轨,在滚珠丝杠 9 的驱动下沿床身支架上的导轨做 X 方向运动。在回转刀盘 5 上装有多把刀具,有的刀具有独立动力驱动装置,可对工件 4 进行车削、钻孔、镗孔和铣削;有的还能进行磨削、齿轮和激光加工,并可进行动平衡。这种机床主要用于盘类零件加工。为提高生产率,实现全自动加工,

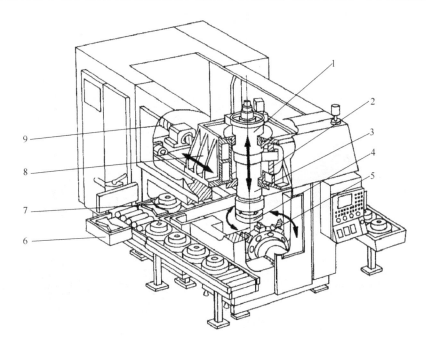

图 6-16　倒置式车削中心的布局

1—电动机定子;2,9—滚珠丝杠;3—主轴套筒;4—工件;5—回转刀盘;6—上下料机构;7—盘类零件;8—支座;9—滚珠丝杠

机床装有自动上下料机构 6,盘类零件 7 在上下料机构 6 上按生产节拍移动。开始时主轴在上下料工位下移夹紧工件,再上移并移动到加工工位,进行加工。加工完后,主轴移到上下料工位将工件卸下,然后由上下料机构 6 推动工件移动,使待加工零件移至上下料工位,处在主轴的下面,这样就完成了一个工件的加工循环。这种机床加工集成性好,改善了工件的加工质量,加工成本较低。

　　10.虚拟轴机床(并联机床)的布局特点

　　图 6-17 所示为一种虚拟轴机床的布局形式,主轴组件 6 与三个驱动轴 1 铰链连接,组成三脚架结构,主轴组件 6 处在三脚架结构的支点上,通过三个驱动轴 1 的伸缩联动可使支点处在空间内允许的任何位置。主轴组件 6 还与两级四杆机构 3 连接,使主轴的轴线保持水平状态,下一级四杆机构的底面连接在能够摆动的支座 4 上,使主轴有一个平移自由度。因此,三个驱动轴 1 的伸缩联动能使主轴实现 X、Y、Z 方向的三轴联动。工作台 5 只做 B 方向转动而不移动。这种机床与传统机床的不同之处是它没有 X、Y、Z 等坐标方向的导轨,所以也就没有支承导轨的构件,如立柱、床鞍、滑座等。这种机床结构简单,零部件少,质量小,刚度高,装配及维修方便,故障率也较低。由于移动部件质量小,因此坐标运动速度较高,有的可达 100 m/min。加速度可达 1g。由主轴与电动机同轴线刚性连接(有的是电动机内装式主轴),因此转速较高,有的在电动机功率达 31 kW 时,主轴转速可达 15000 r/min。由于各坐标轴的运动没有导轨的约束,因此称这类机床为虚拟轴机床。也由于没有立柱、床鞍、滑座等带有导轨部件的层叠串联安装机构,所以,也称为并联机床。

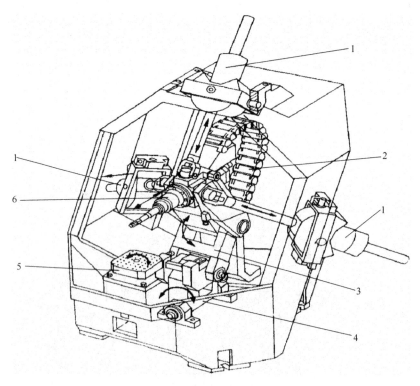

图 6-17　虚拟轴机床(并联机床)的布局特点

1—驱动轴;2—管线链盒;3—四杆机构;4—支座;5—工作台;6—主轴组件

　　11.龙门式双立柱加工中心

　　图 6-18 所示为双立柱龙门式加工中心的外观图。主轴箱可沿横梁上的导轨左右移动(Y

向),横梁可沿立柱导轨上下移动(Z 向),主轴也可上下(Z 向)移动,工作台作前后方向移动(X 向)。这种布局方式用于加工工件较大的机床,刚度高,热变形小。

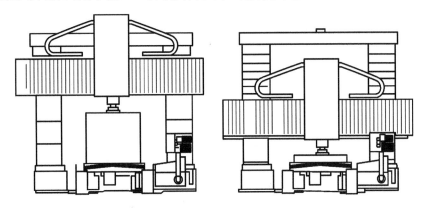

图 6-18　双立柱龙门式加工中心

12. 数控滚齿机的布局

图 6-19 所示为数控滚齿机的布局图,从外表看它和普通滚齿机很相似,但其传动方式有了根本的改变。普通滚齿机的展成传动链、差动传动链、轴向进给传动链、主运动传动链、切向进给传动链等都用交换齿轮来调整,靠齿轮传动实现滚切齿轮时所需的运动联系;滚刀轴线的角度也是由手动调整实现的。而数控滚齿机的这些运动都由数控系统控制的伺服电动机实现的。

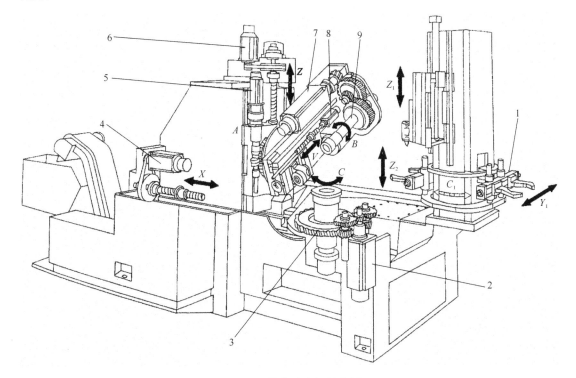

图 6-19　数控滚齿机的布局

1—机械手;2,4,5,6,7,8—伺服电动机;3—大齿轮;9—滚刀主轴

从图 6-19 中可以看出:主运动传动链(外联系传动)是伺服电动机 7 经过两级齿轮降速后带动滚刀主轴 9 转动,有些机床刀具主轴的最高转速可达 1 200 r/min。伺服电动机 2 经过两

对降速齿轮驱动安装在工作台下面的大齿轮 3 转动,使装在工作台上的工件(被切齿轮)产生旋转运动,有些机床工作台的最高转速可达 200 r/min。完成滚切齿轮的展成运动(内联系传动)是由伺服电动机 2 和 7 实现的,根据被加工齿轮的齿数和滚刀头数的不同,由程序来精确地控制滚刀和工件间的运动联系,滚刀旋转和工件旋转的运动关系为:滚刀旋转 z/K(z 为工件齿数,K 为滚刀头数)转时,工件(工作台)转过一转。伺服电动机 6 经齿形带、滚珠丝杠驱动滚刀刀架做轴向运动,实现轴向进给(外联系传动)。滚切斜齿轮时,随着滚刀的轴向进给移动,工件要有一个附加转动,也是内联系传动。运动联系是由程序控制的,运动关系为:刀架移动 T(工件斜齿螺旋线导到 b 程)时工件附加转一转。T 的大小和斜齿轮的法向模数 m、齿数 z、螺旋角 β 的关系为:$T=\pi mz/\sin\beta$。伺服电动机 4 经齿形带、滚珠丝杠驱动立柱移动,完成滚切齿轮时的快速径向移近工件、径向进给和快速退刀运动。伺服电动机 8 经滚珠丝杠可驱动滚刀主轴刀架移动,使滚刀主轴 9 做轴向移动,实现滚刀的轴向串刀运动。数控滚齿机的滚刀都较长,为提高滚刀的寿命,并使滚刀各部分均匀磨损,在滚切齿轮时滚刀要连续不断地做轴向串刀运动,串刀时要求工件也同时有一个附加转动,这也是内联系传动,运动关系为:滚刀串刀移动 $\pi mz/\cos\beta$ mm 时工件附加转一转。在滚切斜齿轮时,工件的转数应精确地等于展成运动的转数和滚切斜齿轮时滚刀轴向进给运动带来的附加转数及串刀运动时的附加转数的代数和。与展成运动相比,两个附加转动的转数值是很小的。伺服电动机 5 和蜗杆相连,经蜗杆蜗轮传动使滚刀刀架转过所需的角度,使滚刀刀齿圆周速度的方向与工件的齿向相同。机械手 1 用于工件的自动上下料。

6.2　数控机床主传动设计

数控机床的主传动设计有其自身的特点,其主传动结构可能较普通机床的主传动结构简单,但在设计过程中考虑的问题却更为复杂。

6.2.1　主传动系统的设计要求

与数控机床整体的加工性能相适应,数控机床的主传动系统比普遍机床主传动系统具有更高的性能要求,主要体现在以下几个方面。

1. 在实现无级调速的基础上,调速范围加大

由于数控机床工作情况较普通机床更为复杂,为充分发挥刀具的切削性能、获得更高的生产率、加工精度和表面质量,必须保证加工时能够选用合理的切削用量,因而要求数控机床具有更大的调速范围。对于自动换刀的数控机床及加工中心,由于其工序集中的特点,为适应不同工序和不同加工材质的要求,对主运动的调速范围提出了更高的要求。

2. 要求主传动系统具有更高的精度、刚度和传动平稳性

其原因在于主传动系统的刚度与数控机床加工零件的精度有密切关系。为提高主传动系统刚度,主要有如下措施:

① 进一步简化主传动系统的结构;

② 提高传动件的制造精度与刚度,如对齿轮齿面进行高频感应淬火来增加耐磨;最后一级采用斜齿轮传动,力求传动平稳;采用高精度轴承及合理的支承跨距等,以提高主轴组件的刚度。

3.具有更好的抗振性和热稳定性

由于数控机床应满足不同零件、不同工序的加工工艺要求,加工时可能会出现断续切削、加工余量不均匀、运动部件不平衡及切削过程中的自激振动等现象,由此而引发主轴受到冲击力或交变应力的干扰,使主轴产生振动,影响零件加工精度和表面粗糙度,严重时可能对刀具或零件产生破坏性影响,使加工无法进行。所以,对数控机床主传动系统中的各主要零部件的静刚度和动刚度都提出较高的要求,以保证主传动系统具有较高的抗振性。抗振性可用动刚度或动柔度来衡量。以主轴组件为例,根据单自由度系统振动理论,其静刚度也可由下式表示:

$$k_{\mathrm{d}} = k \sqrt{\left(1 - \frac{\omega}{\omega_{\mathrm{n}}}\right)^2 + \left(2\xi\frac{\omega}{\omega_{\mathrm{n}}}\right)^2} \tag{6-1}$$

式中　k_{d}——机床主轴结构系统的静刚度(N/μm);

　　　ω——外加激振力的激振频率(Hz);

　　　ω_{n}——主轴组件的固有频率;

　　　ξ——阻尼比。

由式(6-1)可知,主轴组件的抗振性与机床主轴结构系统的静刚度、外加激振力的激振频率、主轴组件的固有频率及阻尼比有关,在主轴设计中必须综合考虑各参数间的关系,才能使主轴系统具有较好的抗振性,各参数变化与抗振性之间的关系可查阅振动理论类有关书籍。热稳定性对于数控机床加工的影响主要体现在以下两个方面。

(1) 机床在切削加工过程中,零部件的热变形对零部件之间的相对位置精度造成破坏,从而使各运动部件间的运动精度降低并引起零件的加工误差。

(2) 热变形对切削用量的提高造成限制,降低传动效率,影响生产率。从发展趋势来看,随着数控机床加工精度进一步提高,热稳定性对于零件加工精度影响呈上升趋势。为保证主传动系统部件具有较高的热稳定性,必须保持合适的配合间隙,并采用合理有效的润滑等措施来实现。

6.2.2　主传动变速系统的设计

由于加工要求的不同,普通机床一般采用机械有级变速传动,数控机床一般都采用由直流或交流调速电动机作为驱动源的电气无级调速,且常在无级变速电动机之后串联机械有级变速传动装置,以满足机床要求的调速范围和转速特性。采用这种方式出于以下原因。

(1) 自动换刀的需要。

(2) 在加工过程中根据加工条件的不同(如曲面的曲率不同,阶梯轴直径不相同等)需要实现自动平滑连续变速以保持合理的切削速度,从而使零件的加工质量和切削效率得到保证。

(3) 数控机床的主传动系统的调速范围较大,单靠调速电动机无法达到这么大的调速范围,而且调速电动机的功率、扭矩特性也难以直接与机床的功率和转矩要求相匹配。无级调速有机械、液压和电气等多种形式。实践证明,在无级变速电动机之后串联机械有级变速传动装置,可以满足机床要求的调速范围和转矩特性。其他有关机械有级变速及其设计可见其他普通机床设计类资料,本节主要介绍无级调速电动机串联机械变速的传动系统设计。在主传动系统设计过程中,应注意以下问题。

1.主轴要求的功率转矩特性与调速电动机的功率扭矩特性匹配问题

在数控机床的主传动系统中,常用的电动机有直流电动机和交流调频电动机两种。目前,交流调频电动机在中、小型数控机床中的使用已占优势,有取代直流电动机之势。但不论使用

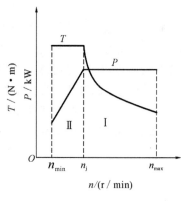

图 6-20　主轴要求的功率转矩特性

直流电动机还是交流调频电动机,设计时都必须注意机床主轴与电动机在功率特性方面的匹配。主轴要求的功率转矩特性如图 6-20 所示。

可以看到,功率特性和转矩特性曲线以转速 n_j 分界,功率转矩特性图可分为如下两个区域。

1) 恒功率区

Ⅰ区为恒功率区,在此区内域内任意转速下轴都可输出额定功率,最大转矩随主轴转速的下降而上升。通常,恒功率区占整个主轴变速范围的 $2/3\sim3/4$。

2) 恒转矩区

Ⅱ区为恒转矩区,在该区域内,最大转矩不再随转速的下降而上升,任何转速下可能提供的转矩都不能超过计算转速下的转矩,这个转矩也就是机床主轴的最大转矩。在此区域内,主轴可能输出的最大功率随主轴转速的下降而下降。恒转矩区一般占 $1/4\sim1/3$。

对于变速电动机而言,同样可以画出其功率特性曲线图,但其恒转矩区的范围要比恒功率区的范围大得多,因而主轴的功率转矩特性与变速电动机的功率转矩特性之间存在着固有的矛盾,造成的直接后果就是单靠总变速范围(最高、最低转速之比)设计主传动系统不能满足加工要求,必须考虑功率转矩特性匹配问题。为解决此问题,常用的办法是在电动机与主轴之间串联一个分级变速箱。

2. 数控机床分级变速箱的设计

1) 数控机床主轴转速自动变换过程

在数控机床加工中,应根据刀具与工艺要求进行主轴转速的自动变换。一般在零件加工程序中用 S 与二位代码指定主轴转速的序号,或用 S 与四位代码指定主轴转速的每分钟转数,并且用 M 与二位代码指定主轴的正、反向启动和停止。

对于采用直流电动机或交流调频电动机的主运动无级变速系统,与普通机床不同的是,主轴的换向与停止操作是通过对电动机直接控制来实现的,主轴转速的变换则由电动机转速的变换与齿轮有级变速机构的变换相配合来实现。这种结构在很大程度上简化了数控机床分级变速箱的结构设计。

2) 分级变速箱的设计

数控机床的分级变速箱是调速电动机与主轴之间的桥梁,在设计时除遵循一般有级变速箱的设计原则外,首先选择好公比。对于数控机床分级变速箱的设计,公比选取有以下三种情况。

(1) 普通情况　考虑普通情况,变速箱的传动比可取为

$$\phi = R_{pm} \tag{6-2}$$

式中　ϕ——变速箱传动比;

R_{pm}——电动机的恒功率调速范围。

此时,变速箱的变速级数可表示为

$$z = \frac{\lg R_p}{\lg \phi} \tag{6-3}$$

式中　z——变速箱的变速级数;

R_p——主轴的恒功率调速范围。

对于主轴,其恒功率调速范围为

$$R_p = \frac{n_{max}}{n_j} \tag{6-4}$$

式中　n_{max}、n_j 如图 6-20 所示,同理也可根据电动机的功率转矩性图得到 R_{pm}。在设计之初,常参考以下关系:

$$R_p = \phi^{z-1} R_{pm} = \phi^z \tag{6-5}$$

【例 6-1】　在某数控机床主传动系统设计过程中,设已知电动机的恒功率转速范围为 3,要求机床主轴的恒功率调速范围为 25,试设计变速箱的传动比及传动级数。

【解】　传动比

$$\phi = R_{pm} = 3$$

变速箱变速级数

$$z = \frac{\lg 25}{\lg 3} = 2.93$$

所以取变速箱级数为 3。

在初步确定好传动比与减速级数后,就可以画出减速箱各轴的转速图并可根据功率特性图对其性能进行进一步的分析,从而对初始参数作进一步的修正。

(2) 简化变速箱结构　出于简化变速箱结构的目的,进一步降低减速箱的变速级数。在这种情况下,公比加大,其代价往往是电动机功率选择较大,即变速箱结构的简化是以选择较大功率的电动机作为补偿的。

(3) 连续切削情况　在需要连续切削的情况下,如数控车床在切削阶梯轴、成形螺旋面或端面时,需要进行恒线速切削。要求主轴转速也要随曲面曲率或轴径的变化而自动变化,这时,必须用电动机变速而不能用变速箱变速。因为用变速箱变速时必须停车,这在连续切削时是不允许的。在这种情况下,可能进入电动机的恒转矩区,造成加工功率不足,往往通过加大电动机功率或增加减速箱的级数来避免这种情况的出现。

3. 数控机床有级变速的自动变换

有级变速的自动变换方法主要有液压和电磁离合器两种。

1) 液压变速机构

液压变速机构是通过液压缸、活塞杆带动拨叉推动滑移齿轮移动来实现变速的,双联滑移齿轮用一个液压缸,而三联滑移齿轮必须使用两个液压缸(差动油缸)实现三位移动。如图 6-21 所示为三位液压拨叉的工作原理图。在进行变速时,注意到活塞杆三段直径的不同,可以分析其工作过程如下。

(1) 只有液压缸 5 通入压力油时,压力油推动活塞杆 4 向左移动,带动滑移齿轮 6 向左移动,此时滑动齿轮处于最左边位置。

(2) 液压缸 1、5 同时通入压力油时,推动活塞杆 4 向右移动,带动滑移齿轮 6 向右移动,此时滑动齿轮处于中间位置。

(3) 只有液压缸 1 通入压力油时,推动活塞杆 4 向右移动至极限位置,带动滑移齿轮 6 向右移动,此时滑动齿轮处于最右边位置;可以看到,此种方式是通过改变不同的通油方式使三联滑移齿轮获得三个不同的变速位置。

液压拨叉变速必须在主轴停车后才能进行,而停车时拨动滑移齿轮啮合又可能出现"顶

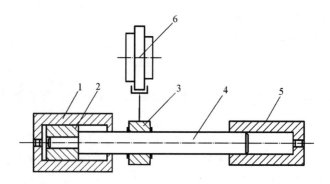

图 6-21　三位液压拨叉工作原理图

1,5—液压缸；2—套筒；3—拨叉；4—活塞杆；6—滑移齿轮

齿"现象。为避免"顶齿"，机床上一般设置"点动"按钮或增设一台微型电动机，使主电动机瞬时冲动接通或经微型电动机在拨叉移动滑移齿轮的同时带动各种传动齿轮做低速回转，这样，滑移齿轮便能顺利进入啮合。

　　液压拨叉变速的优点是结构可以做得比较巧妙，变速可靠，容易实现自动化。其不足在于它使数控机床液压系统的复杂性增加，而且必须将数控装置送来的电信号转换成电磁阀的机械动作，然后再将压力油分配到相应的液压缸，因而增加了变速的中间环节。

　　2）电磁离合器变速

　　电磁离合器是应用电磁效应接通或切断运动的元件，它便于实现自动操作，其产品已经系列化生产，选择余地较大，这些特点使它在自动装置中普遍应用。电磁离合器用于数控机床的主传动时，能简化变速机构，操作方便，通过若干个安装在各传动轴上的离合器的吸合和分离的不同组合来实现齿轮的传动路线的改变，实现主轴的变速。

　　电磁离合器主要有摩擦片式和牙嵌式，摩擦片式结构简单，牙嵌式传递的转矩较大，尺寸也较紧凑，可根据不同需要选用。

6.2.3　主轴部件设计

1. 对主轴部件的性能要求

　　主轴部件作为数控机床关键部件之一，其性能在很大程度上影响着整机的性能。由于主轴直接承受切削力，转速变化范围大，工作时间长，所以对主轴部件的性能要求较为苛刻，其主要性能如下。

　　1）旋转精度

　　主轴的旋转精度是指装配后，在无载荷、低速转动的条件下，主轴安装工件或刀具部位的定心表面（如车床轴端的定心短锥、锥孔，铣床轴端的锥孔等）的径向和轴向跳动。旋转精度取决于各主要部件，如主轴、轴承、壳体孔等的制造、装配和调整精度。工件转速下的旋转精度主要取决于主轴的转速、轴承的性能、润滑剂、主轴组件的静、动平衡的调整及其他相关因素。数控机床的旋转精度已有规定，可参见各类机床的精度检验标准。

　　2）刚度

　　刚度主要反映机床或部件抵抗外载荷的能力。影响刚度的因素很多，如主轴的尺寸、形状；滚动轴承的型号、数量、预紧方式、轴承配置形式；前后支承的跨度和主轴悬伸长度、传动件的布置方式等。由于加工情况复杂，数控机床对其主轴部件的刚度要求比普通机床对主轴部件的更为苛刻。

3）精度保持性

对数控机床的主轴部件必须有足够的耐磨性，以便长期保持精度。

4）旋转速度

随着各行业对于数控机床加工效率要求的不断提高，要求主轴有更高的旋转速度，并能在较高的旋转速度下长时间工作。

5）温升

温升将引起热变形，使主轴伸长，轴承间隙发生变化，降低加工精度；温升也会降低润滑剂的黏度，恶化润滑条件，从而产生温升的恶性循环。因此，将温升控制在一定的范围内是主轴能够正常工作的重要保证，在要求旋转速度较高时尤其重要。

6）可靠性

数控机床是高度自动化机床，所以必须保证其工作的可靠性。

在上述的诸项要求中，有些要求甚至是相互矛盾的。例如高刚度与高速，高速与低温升，高速与高精度等。在设计过程中，针对不同的情况，首先满足主要要求并兼顾其他方面的要求，因此要针对具体问题进行具体分析，例如：在设计高效数控机床的主轴部件时，主轴应首先满足高速和高刚度要求；在设计高精度数控机床时，主轴应首先满足高刚度、低温升的要求；等等。

2. 主轴部件的组成和轴承选型

主轴部件，主要包括主轴、轴承、传动件和相应的紧固件。主轴部件的构造，主要是指支承部分的构造。主轴的端部有国家标准规定；传动件如齿轮、带轮等与一般机械零件相同。因此，研究主轴部件，主要是研究主轴的支承部分。

主轴的传动件所在部位有以下两种选择：

① 位于前、后支承之间，这种结构受力合理；

② 位于后支承后的主轴后悬伸端，其优势在于实现传动分离和模块化设计，因而应用此种布置方式的数控机床越来越多。

在后一种情况下，主轴部件（称为主轴单元）及变速箱功能独立，可以实现模块化生产，由专门的厂家生产。可用齿轮副或带传动方式实现变速箱和主轴间的连接。在后悬伸端较长的情况下，可在主轴尾部采用深沟球轴承添加辅助支承。传动件位于后悬伸端还有利于调整前、后轴承的距离（称为跨距）。

主轴支承分径向和轴向（推力）支承。角接触轴承（包括角接触球轴承和圆锥滚子轴承）兼起径向和推力支承的作用。由于数控机床的坐标原点，常设定于主轴前端，所以推力支承应位于前支承内。在设计中应尽量缩短坐标原点至推力支承之间的距离以减少热膨胀造成的坐标原点位移。

主轴轴承主要有以下三种选择：

① 柱滚子轴承，此种轴承承受径向力的能力强，承受轴向力的能力几乎为零，故需要与轴向轴承配合使用；

② 圆锥滚子轴承，此种轴承承载能力大，能同时承受径向力和轴向力，但由于滚子大端面与内圈挡边之间为滑动摩擦，发热较多，故转速受到限制；

③ 角接触球轴承，此种轴承摩擦力小，能同时承受径向力和轴向力，但承载能力不如其他两种轴承。

主轴轴承在很大程度上决定着主轴部件的性能，主轴轴承精度要求高，轴承内部的游隙必须能够消除,并具有高极限转速,低温升,高刚度,有一定的抗振性,工作可靠等特征。

下面对主轴轴承选择中的主要指标进行简要介绍。

1)精度

轴承的精度,分为 2、4、5、6、0 五级(旧标准为 B、C、D、E、G 五级)。其中 2 级最高,0 级为普通精度级。主轴轴承以 4 级为主(记作 P4),高精度主轴可用 P2 级。要求较低的主轴或三支承主轴的辅助轴承可用 P5 级。一般不选择 P6 和 P0 级轴承。

轴承精度包括的项目很多,轴承的工作精度主要决定于旋转精度。对径向轴承(如圆柱滚子轴承)主要是"成套轴承内圈的径向跳动"或"成套轴承外圈的径向跳动"。对推力轴承主要是"成套轴承内圈端面对滚道的跳动"。而对角接触球轴承则应兼顾"成套轴承内圈的径向跳动"及"成套轴承内圈端面对滚道的跳动"这两项指标。

由于前轴承对主轴组件的精度影响比后轴承的影响大。因此,后轴承的精度可比前轴承的低一级,主轴颈通常是与轴承配磨的。因此,规定了两种辅助精度级 SP 和 UP。它们的跳动公差,分别与 P4 和 P2 级相同,但尺寸公差略宽。这样做,可以在基本满足使用要求的前提下降低成本。

2)速度

决定轴承速度性能的是速度因子 $d_m n(\mathrm{mm \cdot r/min})$。其中 d_m 为轴承的中径,等于内、外径的平均值(mm),n 为转速(r/min)。d_m 的值反映出滚动体公转速度,而这正是轴承转速的主要限制性因素。

3)轴承截面尺寸

同一内径的轴承,有不同的外径,不同的截面尺寸,从而可以分为超轻型、特轻型、轻型、中型、重型等。机床主轴轴承,以特轻型为主。超轻型主要用于大型主轴,轻型主要用于小型主轴。中型和重型一般不用。在轴承代号的倒数第三位,以 9 代表超轻型,0(旧标准为 1) 代表特轻型,2 代表轻型。

需要指出的是,机床主轴较粗,所用轴承内径较大。相对来说,负载较轻。正是由于轴承属"超轻"、"特轻"系列,相对来讲,轴承内、外壁较薄,因而对轴颈和箱体孔加工要求(如尺寸精度、形状精度、表面粗糙度等)相对较高。轴颈和箱体孔稍有不圆,就会使轴承内、外圈发生变形而破坏其原始精度。

在选取主轴轴承时,还应注意轴承刚度等其他指标。

主轴轴承的内部间隙,应在安装过程中进行调整。多数轴承,应使滚动体与滚道之间有一定的预变形,即应进行轴承的预紧。轴承预紧后内部无间隙,滚动体从各个方向支承主轴,有利于提高运动精度。并且,预紧后滚动体和滚道都有一定的变形,参加工作的滚动体增多,各滚动体的受力将更加均匀,因而有利于提高轴承的精度、刚度和使用寿命。在主轴产生振动时,由于各个方面都有滚动体支承,抗振性得到提高。但是,预紧后发热量增加,温升较高,所以太大的预紧力对轴承的使用寿命有不利的影响,故预紧力的施加要适当。

应当指出,由于滚动轴承制造精度不断提高,承载能力也在不断增加,在一般情况下数控机床应尽量采用滚动轴承。只有在比较特殊的情况下才选用滑动轴承。如:

① 加工表面粗糙度数值要求很高,机床主轴水平布置;

② 主轴前支承用滑动轴承,后支承和推力支承用滚动轴承。

总体来讲,主要应根据精度、刚度和转速来选择轴承。为提高精度和刚度,主轴轴承的间隙应该是可调的。线接触的滚子轴承比点接触的球轴承刚度要高,但在一定温升下允许的转速较低,具体的选择应参看专门的轴承选择手册。

3. 主轴部件的刚度计算

主轴部件的刚度,可以用有限元法或传递矩阵法相结合并借助计算机进行计算。相关软件有 ANSYS 等,在使用前,应首先建立合理的有限元模型。根据材料力学原理,对主轴部件进行简化,进行近似的计算。为此,首先应把主轴部件简化为一个均匀截面的简支梁模型。

1) 主轴的简化及刚度计算

主轴前后轴承颈之间由数段组成,则当量直径为

$$d = \frac{d_1 l_1 + d_2 l_2 + \cdots + d_n l_n}{l} \tag{6-6}$$

式中　$d_1, d_2, \cdots, d_n$——各段的直径(mm);

　　　$l_1, l_2, \cdots, l_n$——各段的长度(mm);

　　　l——总长,$l = l_1 + l_2 + \cdots + l_n$(mm)。

主轴的前端悬伸部分较粗、较短,刚度较高,其变形可以忽略不计。后端悬伸部分不影响刚度,也可不计。如主轴前端作用一外载荷 F(见图 6-22),则挠度(主轴外载荷 F 处的变形)可表示为

$$\delta_1 = \frac{Fa^2 l}{3EI} \tag{6-7}$$

图 6-22　主轴部件的计算模型

式中　δ_1——挠度(mm);

　　　F——外载荷(N);

　　　a——主轴前端悬伸长度,即载荷作用点至前支承点间的距离(mm);

　　　l——跨距(mm),即前后支承间的距离;

　　　E——主轴材料弹性模量(MPa);

　　　I——截面惯性矩(mm^4),有 $I = 0.05(d^4 - d_1^4)$;

　　　d、d_i——主轴的外径和孔径。

若 $\delta_1 \leqslant 0.5d$,则内孔的影响可忽略,认为内孔孔径为零,则计算公式可进一步简化,主轴弯曲刚度可以表示为

$$K_s = \frac{F}{\delta_1} = \frac{0.15E(d^4 - d_1^4)}{la^2} \tag{6-8}$$

2) 支承的简化

支承的简化有这样几种情况:对于支承为双列圆柱滚子轴承,支承点可简化在轴承中部;对于支承为三联角接触球轴承,则支承点可简化为在第二个轴承的接触线与主轴轴线的交点处进行计算。

通过以上分析,就可以对主轴组件的挠度、刚度进行计算。

4. 电主轴简介

随着数控机床制造技术的不断发展,出现了高频电主轴。高频电主轴是高频电动机与主轴部件的集成,具有体积小、转速高、可无级调速等一系列优点。电主轴结构紧凑,轴承的内、外环采用高氮合金钢制造,配以陶瓷滚动元件,并采用优良的密封和冷却技术以满足主轴高速运转的要求。国际上高速、高精度数控机床普遍采用电主轴单元。在多工件复合加工机床、多轴联动多面体加工机床、并联机床和柔性加工单元中,电主轴更有机械主轴不可替代的优越性。

作为一套组件,电主轴包括电主轴本身及其附件。具体来讲,主要有电主轴、高频变频装

置、油雾润滑器、冷却装置、内置脉冲编码器、自动换刀装置等。电主轴所融合的技术有多项，简介如下。

1）高速轴承技术

电主轴通常采用复合陶瓷轴承，耐磨耐热，使用寿命是传统轴承的几倍；有时也采用电磁悬浮轴承或静压轴承，内、外圈不接触，理论上使用寿命是无限的。

2）高速电动机技术

电主轴是电动机与主轴集成在一起的，电动机的转子作为主轴部件的旋转部分（旋转轴本身），可以把电主轴看作带有相关附件的高速电动机。在高速旋转的情况下，主轴的动平衡是关键，微小的不平衡都会对主轴的高速旋转造成很大影响。

3）润滑技术

电主轴的润滑一般采用定时定量油气润滑。对于旋转速度相对较低的电主轴，也可以采用脂润滑。所谓定时定量油气润滑，就是每隔一定的时间注一次油，利用定量阀精确地控制每次润滑油的油量，并使润滑油在压缩空气的携带下，被吹入陶瓷轴承。油量控制在整个润滑过程中占有重要地位：太少，起不到润滑作用；太多，在轴承高速旋转时会因油的阻力而发热。

4）冷却技术

为了尽快给高速运行的电主轴散热，通常对电主轴的外壁通以循环冷却剂，冷却装置的作用是保持冷却剂的温度。

5）内置脉冲编码器

为了实现自动换刀以及刚性攻螺纹，电主轴内置一个脉冲编码器，以实现准确的相角控制以及与进给的配合。

6）自动换刀装置

为了应用于加工中心，电主轴配备了自动换刀装置，包括碟形弹簧、拉刀油缸等。

7）高频变频装置

要实现电主轴每分钟几万甚至十几万转的转速，必须用一个高频变频装置来驱动电主轴的内置高速电动机，变频器的输出频率必须达到上千或几千赫兹。

在使用高频电主轴的情况下，主轴箱被取消，这对提高机床的加工精度和其他加工性能十分有利，这项技术目前正在迅速发展之中。

6.3　数控机床的进给传动

数控机床的进给传动系统常用伺服进给系统来工作。伺服进给系统的作用是将数控系统传来的指令信号放大以后控制执行部件的运动，不仅要控制进给传动的速度，同时还要精确控制刀具相对于工件的移动位置和轨迹。因此，数控机床进给系统，尤其是轮廓控制系统，必须对进给传动的位置和传动的速度同时实现自动控制。

数控机床进给系统除了要求具有较高的定位精度之外，还应具有良好的动态响应特性，系统跟踪指令信号的响应要快，稳定性要好。

典型的数控机床闭环控制的进给系统通常由位置比较、放大元件、驱动单元、机械传动装置和检测反馈元件等几部分组成，其中机械传动装置是位置控制环中的一个重要环节。这里所说的机械传动装置，是指将驱动源的旋转运动转变为工作台的直线运动的整个机械传动链，包括减速装置、丝杠螺母副等中间传动机构。

6.3.1　概述

1. 对进给传动的要求

数控机床的进给传动是数字控制的直接对象,不论点位控制还是轮廓控制,工件的最后坐标精度和轮廓精度都受进给传动的传动精度、灵敏度和稳定性的影响。为此,数控机床的进给系统应充分注意减小摩擦力,提高传动精度和刚度,消除传动间隙以及减小运动件的转动惯量等。

1）减小摩擦阻力

为了提高数控机床进给系统的快速响应性能和运动精度,必须减小运动件的摩擦阻力和动、静摩擦力之差。为满足上述要求,在数控机床进给系统中,普遍采用滚珠丝杠螺母副、静压丝杠螺母副、滚动导轨、静压导轨和塑料导轨。在减小摩擦力的同时,还必须考虑传动部件要有适当的阻尼,以保证系统的稳定性。

2）减少转动惯量

传动部件的转动惯量对伺服机构的启动和制动特性都有影响,尤其是处于高速运转的零部件,其转动惯量影响更大。因此,在满足部件强度和刚度的前提下,尽可能减小传动部件的质量,减小旋转零件的直径和质量,以减小运动部件的转动惯量。

3）高传动精度和刚度

数控机床进给传动装置的传动精度和定位精度对零件的加工精度起着关键性的作用。因此,传动精度和定位精度是数控机床最重要,也是最具有该类机床特征的指标,无论对点位、直线控制系统,还是轮廓控制,该项精度都很重要。设计中,通过在进给传动链中加入减速齿轮,以减小脉冲当量(即伺服系统接收一个指令脉冲驱动工作台移动的距离),缩短传动链,加大丝杠直径,以及对丝杠螺母副、支承部件施加顶紧力,消除齿轮、蜗杆等传动部件的间隙等办法,可提高传动精度和定位精度。

刚度不足会导致工作台(或拖板)产生爬行和振动。

4）宽的进给调速范围

伺服进给系统在承担全部工作负载的条件下,应具有很宽的调速范围,以适应各工件材料、尺寸和刀具等变化的需要,工作进给速度范围可达 $3 \sim 6000$ mm/min(调速范围 $1 : 2000$)。为了完成精密定位,伺服系统的低速趋近速度达 0.1 mm/min;为了缩短辅助时间,提高加工效率,快速移动速度应高达 15 m/min。

在多坐标联动的数控机床上,进给速度维持常数,是保证表面粗糙度要求的重要条件。为保证较高的轮廓精度,各坐标方向的运动速度也要配合适当,这是对数控系统和伺服进给系统提出的共同要求。

5）响应速度要快

快速响应特性是指进给系统对指令输入信号的响应速度及瞬态过程结束的迅速程度,即跟踪指令信号的响应要快;定位速度和轮廓切削进给速度要满足要求;工作台应能在规定的速度范围内灵敏而精确地跟踪指令,进行单步或连续移动时不出现丢步或多步现象。

进给系统响应速度的快慢不仅影响机床的加工效率,而且影响加工精度。设计中应使机床工作台及其传动机构的刚度、间隙、摩擦以及转动惯量尽可能达到最佳值,以提高伺服进给系统的快速响应性。

6）无间隙传动

进给系统的传动间隙一般指反向间隙,即反向死区误差,它存在于整个传动链的各传动副中,直接影响数控机床的加工精度。因此,应尽量消除传动间隙,减小反向死区误差。设计中可采用消除间隙的联轴器及有消除间隙措施的传动副等方法。

7) 稳定性好、使用寿命长

稳定性是伺服进给系统能够正常工作的最基本的条件,特别是在低速进给情况下不产生爬行,并能适应外加负载的变化而不发生共振。

进给系统的使用寿命是指各传动部件能够保持原来制造精度的周期。

8) 使用维护方便

数控机床的进给系统使用维护较为方便。

2. 电动机与丝杠间的连接

数控机床进给驱动对位置精度、快速响应特性、调速范围等有较高的要求。实现进给驱动的电动机主要有直流伺服电动机和交流伺服电动机。直流伺服电动机在我国正广泛使用,交流伺服电动机作为比较理想的驱动元件成为发展的趋势。

与主轴传动相似,电动机与丝杠间的连接主要有以下三种形式。

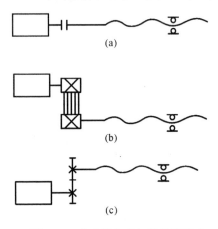

图 6-23　电动机与丝杠的连接形式

1) 电动机通过联轴器直接与丝杠连接

如图 6-23(a)所示,通常电动机轴和丝杠之间采用锥环无键连接或高精度十字联轴器连接,从而使进给传动系统具有较高的传动精度和传动刚度,并大大简化了机械结构。在加工中心和精度较高的数控机床的进给运动中,普遍采用这种连接形式。

2) 经同步带传动的进给运动

如图 6-23(b)所示,这种连接形式的机械结构较简单。同步带传动综合了带传动和链传动的优点,可以避免齿轮传动时引起的振动和噪声,但只能适于低扭矩特性要求的场所。安装时中心距要求严格,且带与带轮的制造工艺较复杂。

3) 带有齿轮传动的进给运动

如图 6-23(c)所示,这种连接形式的机械结构较复杂。数控机床在机械进给装置中一般采用齿轮传动副来达到一定的降速比要求。由于齿轮在制造中不可能达到理想齿面要求,总存在着一定的误差,一对啮合齿轮,必有一定的齿侧间隙才能正常工作,但齿侧间隙会造成进给系统的反向失动量,对闭环系统来说,齿侧间隙会影响系统的稳定性。因此,齿轮传动副常采用消隙措施来尽量减小齿侧间隙。

6.3.2　齿轮传动机构

齿轮传动机构的作用是将伺服电动机的高速小转矩转变为低速大扭矩,以适应驱动需要。还可使丝杠、工作台惯量减少。

数控机床中减速齿轮副的齿轮之间有传动间隙,在闭环系统中,由于反馈作用,运动滞后量虽可补偿,但反向时使系统产生振荡而不稳定,对加工精度产生很大的影响。

因此,数控机床的进给系统必须采用各种调整方法减小或消除齿轮等传动间隙。

1. 偏心套式间隙调整结构

如图 6-24(a)所示,电动机 2 通过偏心套 1 安装在机床壳体上,偏心套 1 转过一定角度,可调整两圆柱齿轮的中心距,从而消除齿侧间隙。

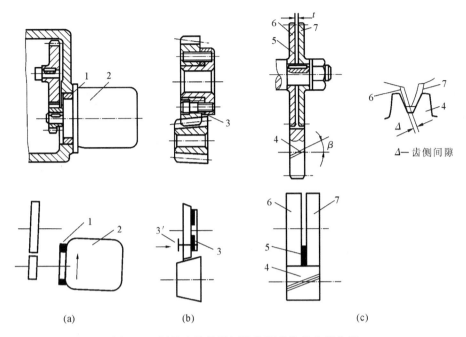

图 6-24　圆柱齿轮尺侧间隙的调整结构和简化图

（a）偏心套式间隙调整结构；（b）锥度齿轮垫片间隙调整结构；（c）斜齿圆柱齿轮垫片间隙调整结构

1—偏心套；2—伺服电动机；3,5—垫片；3′—螺钉；4—宽齿轮；6,7—薄片齿轮

2. 锥度齿轮垫片间隙调整结构

如图 6-24(b)所示，两个相互啮合的圆柱齿轮都制成带有小锥度，小齿轮齿厚沿轴线方向稍大一些口通过修磨垫片 3 的厚度，紧固螺钉 3′，调整两齿轮的轴向相对位置，即可消除齿侧间隙。

3. 斜齿圆柱齿轮垫片间隙调整结构

如图 6-24(c)所示，与宽齿轮 4 同时啮合的两个薄片齿轮 6 和 7，用键与轴相连接。薄片齿轮 6 和 7 的轮齿是拼装在一起进行加工的，加工时在它们之间垫入一定厚度的垫片。

装配时将垫片 5 垫入，其厚度经过修磨用测试法确定，并用螺母拧紧，于是两薄片齿轮的螺旋齿产生错位，分别与宽齿轮的左、右齿侧贴紧，从而消除了它们之间的齿侧间隙。

这种调整结构，无论齿轮正转反转，都只有一个薄片齿轮承受载荷，承载能力较小。

上述几种齿侧间隙的调整方法，结构比较简单，传动刚度高，但调整之后间隙不能自动补偿，且必须严格控制齿轮的齿厚和齿距公差，否则将影响传动的灵活性。

4. 双齿轮拉簧错齿的间隙调整结构

图 6-25 所示为双齿轮拉簧侧间隙的自动补偿结构。

相互啮合的一对齿轮中的一个做成两个薄片齿轮 1 和 2，两薄片齿轮套装在一起，彼此可做相对运动。两个齿轮的端面上，分别装有螺纹凸耳 3 和 8，拉簧 4 的一端钩在凸耳 3 上，另一端钩在穿过凸耳 8 通过的螺钉 7 上，在拉簧的拉力作用下，两薄片齿轮的轮齿相互错位，分别贴紧在与之啮合的齿轮（图中未示出）左、右齿廓面上，消除了它们之间的齿侧间隙，拉簧 4 的拉力大小，可用螺母 5 调整。

这种调整方法能自动补偿间隙。但结构较复杂，适用于转矩不大的装置中。

另外，在数控机床进给传动装置中，齿轮等传动件与轴、键的配合间隙要消除，有用紧定螺钉顶紧以消除键的连接间隙的双键连接结构，也有用螺母拉紧楔形销的楔形销链连接结构等。

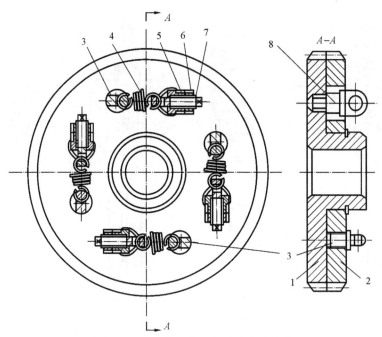

图 6-25　双齿轮拉簧侧间隙的自动补偿

1,2—薄片齿轮；3,8—凸耳；4—拉簧；5—调整螺母；6—松紧螺母；7—螺钉

6.3.3　滚珠丝杠螺母传动副

数控机床进给传动系统中，将回转运动转换成直线运动的方法很多，滚珠丝杠螺母机构是较常用的一种。

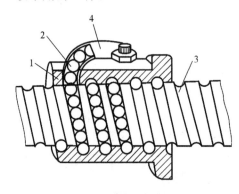

图 6-26　滚珠丝杠螺母机构

1—螺母；2—滚珠；3—丝杠；

4—滚珠回路管道(回珠槽)

1.滚珠丝杆螺母机构

滚珠丝杠副是将回转运动转换成直线运动的装置。

滚珠丝杠副的特点是传动效率高、摩擦阻力小、反向时无空程死区、传动刚度高、运动平稳灵敏、无爬行现象、有可逆性、使用寿命长但不能自锁等。

滚珠丝杠螺母副的工作原理可见图 6-26。

在螺母 1 和丝杠 3 上各加工有半圆弧形螺旋槽，将它们套装起来便形成滚珠的螺旋形滚道，螺母上有滚珠回路管道 4，将几圈螺旋滚道的两端连接起来，使滚珠能够从一端重新回到另一端，构成一个闭合的循环回路，并在滚道内装满滚珠 2。

当丝杠相对于螺母旋转时，丝杠的旋转面推动滚珠既自转又沿滚道循环滚动，推动螺母(或丝杠)轴向移动。

除了大型数控机床移动距离大而采用齿条或蜗轮外，各类中小型数控机床的直线运动进给系统，都普遍采用滚珠丝杠。

2.滚珠的循环方式

滚珠循环方式分为外循环和内循环两种方式。滚珠在循环过程中有时与丝杠脱离接触的为外循环，滚珠在循环过程中始终与丝杠接触的为内循环。

1) 外循环

滚珠在循环过程结束后,通过螺母外表面上的回珠槽返回丝杠螺母间重新进入循环,如图 6-27(b)所示,它在螺母外圆上铣有回珠槽,其两端与螺旋滚珠滚道相通,引导滚珠通过回珠槽形成多圈循环链,如图 6-27(a)(c)所示。

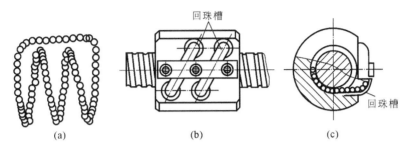

图 6-27　滚珠的外循环结构

外循环方式结构简单、工艺性好、承载能力较强,但径向尺寸较大,应用较为广泛,也可用于重载传动系统中。

2) 内循环

如图 6-28 所示,内循环靠螺母 3 上安装的内回珠器接通相邻滚道,使滚珠 2 成单圈循环,内回珠器 4 的数目与滚珠圈数相等。

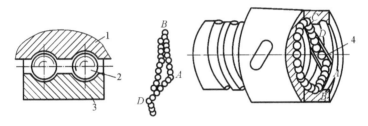

图 6-28　滚珠的内循环结构
1—丝杠;2—滚珠;3—螺母;4—内回珠器

内循环方式的结构紧凑、刚度高、滚珠流通性好、摩擦损失小,但制造困难,用于高灵敏度、高精度的进给系统,不宜用于重载传动中。

螺旋滚道形面常见的有单圆弧形面和双圆弧形面两种,还有矩形面等。

3. 丝杠螺母副轴向间隙的调整

轴向间隙通常是指丝杠和螺母无相对转动时,丝杠和螺母之间的最大轴向窜动。除了结构本身的游隙外,在施加轴向载荷之后,还包括弹性变形所造成的窜动。

滚珠丝杠副通过预紧方法消除间隙时应考虑以下情况:预加载荷能够有效地减小弹性变形所带来的轴向移位,但过大的预加载荷将增加摩擦阻力,降低传动效率,并使使用寿命大为缩短。因此,一般要经过几次调整才能保证机床在最大轴向载荷下,既能消除间隙,又能灵活运转。

除少数用微量过盈滚珠的单螺母消除间隙外,常用双螺母消除间隙。

双螺母调隙结构有双螺母垫片式、螺纹调隙式、齿差调隙式等。

4. 滚珠丝杠的支承

除了滚珠丝杠螺母本身的刚度外,滚珠丝杠轴承支承的刚度及安装调整都会影响进给系统的传动刚度。因此,螺母座应有加强肋板,螺母座和机床的接触面积宜大一些。

要注意支承方式的选用和组合,尤其是在轴向刚度要求较高时。常用的支承方式如下。

1) 一端装推力轴承(固定-自由式)

如图 6-29(a)所示,其承载能力小,轴向刚度低,仅适用于短丝杠,用于数控机床的调整环节或升降台式数控铣床的垂直坐标中。

2) 一端装推力轴承,另一端装深沟球轴承(固定-支承式)

如图 6-29(b)所示,适用于丝杠较长时。为减小丝杠热变形,推力轴承的安装应远离热源(如液压马达)。

3) 两端装推力轴承

如图 6-29(c)所示,将推力轴承装在滚珠丝杠的两端,并施加预紧拉力,有助于提高传动刚度。但这种安装方式对热伸长较为敏感。

4) 两端装双重推力轴承和深沟球轴承

如图 6-29(d)所示,为了提高刚度,丝杠两端采用双重支承,并施加预紧拉力。这种结构可使丝杠的热变形能转化为推力轴承的预紧力。

新出现滚珠丝杠专用轴承,是一种 60°特殊接触角球轴承。

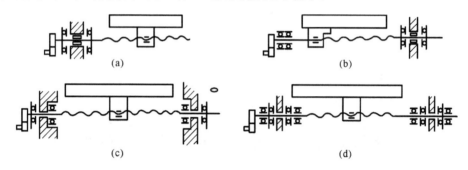

(a)　　　　　　(b)

(c)　　　　　　(d)

图 6-29　滚珠丝杠轴承的支承方式

5. 滚珠丝杠的制动

由于滚珠丝杠副的传动效率高,无自锁作用,为防止因自重而下降,故必须装有制动装置(特别是滚珠丝杠处于竖直传动时)。

图 6-30 所示为数控卧式铣镗床主轴箱进给丝杠的制动装置示意图。当机床工作时,电磁铁线圈通电吸住压簧,打开摩擦离合器。此时(步进)电动机接受控制系统的指令脉冲后,通过减速齿轮带动滚珠丝杠转动,主轴箱垂直移动。当电动机停止转动时,电磁铁线圈也同时断电,在弹簧作用下摩擦离合器压紧,使得滚珠丝杠不能自由转动,主轴箱就不会因自重而下沉了。

直流、交流伺服电动机本身带有制动功能,应注意电动机型号的选择。超越离合器也可用作滚珠丝杠的制动装置。

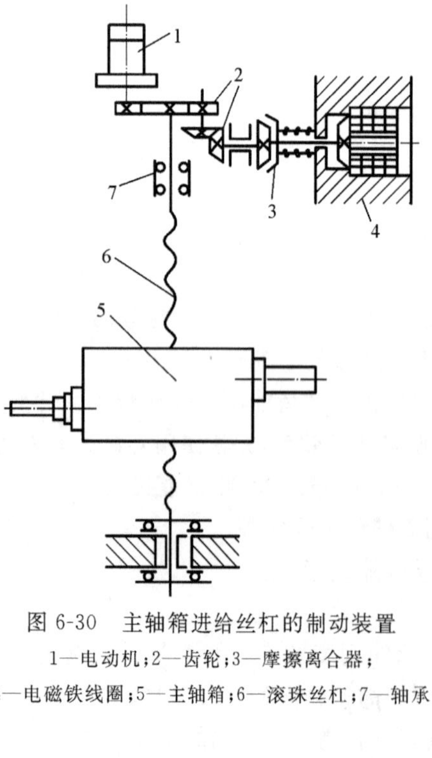

6. 滚珠丝杠的型号参数

根据原机械工业部标准 JB/T 3162.1—1991 规定,滚珠丝杠副的型号要根据其结构、规格、精度、螺

图 6-30　主轴箱进给丝杠的制动装置
1—电动机;2—齿轮;3—摩擦离合器;
4—电磁铁线圈;5—主轴箱;6—滚珠丝杠;7—轴承

纹旋向等特征按下列格式编写。

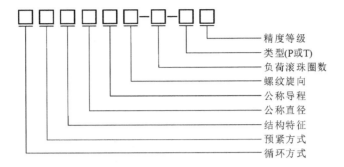

1）循环方式

滚珠丝杠的循环方式及其标记代号见表 6-1。

表 6-1 循环方式及其标记代号

循 环 方 式		标 记 代 号
内循环	浮动式	F
	固定式	C
外循环	插管式	C

2）预紧方式

滚珠丝杠的预紧方式及其标记代号见表 6-2。

表 6-2 预紧方式及其标记代号

预紧方式	单螺母变位导程预紧	双螺母垫片预紧	双螺母齿差预紧	双螺母螺纹预紧	单螺母无预紧
标记代号	B	D	C	L	W

3）结构特征

滚珠丝杠的结构特征及其标记代号见表 6-3。

表 6-3 结构特征及其标记代号

结 构 特 征	标 记 代 号
导珠管埋入式	M
导珠管凸出式	T

4）公称直径 d

滚珠与螺纹滚道在理论接触角状态时包络滚珠球心的圆往直径，它是滚珠丝杠副的特征尺寸。公称直径 d_0 越大，承载能力越大，刚度越高，推荐滚珠丝杠副的公称直径 d_0 应大于丝杠工作长度的 1/30。数控机床常用的进给丝杠公称直径 d_0 为 30～80 mm。

公称直径系列为：6 mm、8 mm、10 mm、12 mm、16 mm、20 mm、25 mm、32 mm、40 mm、50 mm、63 mm、80 mm、100 mm、120 mm、125 mm、160 mm 及 200 mm。

5）导程 L

丝杠相对螺母旋转任意弧度时，螺母上基准点的轴向位移。

基本导程 L 是丝杠相对于螺母旋转 2π 时，螺母上的基准点的轴向位移。

公称直径系列为：1 mm、2 mm、2.5 mm、3 mm、4 mm、5 mm、6 mm、8 mm、10 mm、12 mm、16 mm、20 mm、25 mm、32 mm 及 40 mm。尽量选用 2.5 mm、5 mm、10 mm、20 mm 及 40 mm。

6）螺纹旋向

右旋不标，左旋者标记代号为"LH"。

7）负荷滚珠圈数 i

试验结果已表明，在每一个循环回路中，各圈滚珠所受的轴向负载是不均匀的，第一圈滚珠承受总负载的 50% 左右，第二圈约承受 30%，第三圈约承受 20%。因此，滚珠丝杠副中的每个循环回路的滚珠工作圈数取为 $i=2.5\sim3.5$ 圈，工作圈数大于 3.5 则无实际意义。滚珠的总数 n 一般不超过 150 个。

8）类型

P 类为定位滚珠丝杠副，即通过旋转角度和导程控制轴向位移量的滚珠丝杠副。

T 类为传动滚珠丝杠副，用于传递动力的滚珠丝杠副，与旋转角度无关。

9）精度等级

P 类传动滚珠丝杠副精度分 1、2、3、4、5、6、7 和 10 级，1 级精度最高，依次递减，其精度及应用范围如表 6-4 所示。

表 6-4　P 类传动滚珠丝杠副的精度等级

精度等级标号	应 用 范 围
5	普通机床
4、3	数控车床，铣床，磨床，钻床，镗床，加工中心
2、1	高精度数控车床，铣床，磨床，钻床，镗床，坐标镗床，加工中心，数控线切割机床

T 类传动滚珠丝杠副精度等级参见表 6-5。

表 6-5　T 类传动滚珠丝杠副的精度等级

代　号	名　称	应 用 范 围
P	普通级	普通机床
B	标准级	一般数控机床
J	精密级	精密机床，精密数控机床，加工中心，仪表机床
C	超精级	超精密机床，精密数控机床，高精度加工中心，仪表机床

例如：滚珠丝杠的型号为 CDM5010—3—P3，表示为外循环插管式 C，双螺母垫片预紧 D，导珠管理入式的滚珠丝杠副 M，公称直径为 50 mm，基本导程为 10 mm，螺纹旋向为右旋，负荷总圈数为 3 圈，P 类为定位滚珠丝杠副，精度等级为 3 级的滚珠丝杠副。

又如：滚珠丝杠的型号为 CD3005—3.5×1/B 左—900×1000，表示外循环 C，双螺垫片调隙式 D，名义直径为 30 mm，螺距为 5 mm，负荷总圈数为 3.5 圈，单列 B 级精度，左旋，丝杠的螺纹部分长度为 900 mm，丝杠总长度为 1000 mm 的滚珠丝杠副。

通常应根据防尘防护条件以及对调隙及预紧的要求，选择适当的滚珠丝杠副结构形式。

6.3.4　数控机床导轨

导轨是进给传动系统的重要环节，是机床基本结构的要素之一，它主要用来支承和引导运动部件沿一定的轨道运动，运动的一方称为动导轨，不动的一方称为支承导轨。导轨在很大程度上决定数控机床的刚度、精度与精度保持性。目前,数控机床上的导轨形式主要有滑动导轨、滚动导轨和液体静压导轨等。

对数控机床导轨的要求如下。

(1) 导向精度高　导向精度高是指机床的运动部件沿导轨移动时的直线性和它与有关基面之间的相互位置的精确程度高。

(2) 足够的刚度　导轨受力变形会影响部件之间的导向精度和相对位置,因此,要求导轨应有足够的刚度。

(3) 低速运动平稳性　要使导轨的摩擦阻力小,运动轻便,低速运动时无爬行现象。

(4) 耐磨性　导轨的不均匀磨损,破坏导轨的导向精度,从而影响机床的加工精度。导轨的耐磨性与导轨的材料、导轨面的摩擦性质、导轨受力情况及两导轨相对运动精度有关。

(5) 结构简单、工艺性好　导轨要便于制造、调整和维护。

1. 滑动导轨

数控机床常用直线运动滑动导轨的截面形状如图 6-31 所示。各个平面所起的作用也各不相同。在矩形和三角形导轨中,M 面主要起支承作用,N 面是保证直线移动精度的导向面,J 面是防止运动部件抬起的压板面。在燕尾形导轨中,M 面起导向和压板作用,J 面起支承作用。

1) 导轨形状

(1) 矩形导轨　图 6-31(a)所示为矩形导轨,该种导轨易加工制造,承载能力较大,安装调整方便。M 面起支承兼导向作用,起主要导向作用的 N 面磨损后不能自动补偿间隙,需要有间隙调整装置。它适用于载荷大且导向精度要求不高的机床。

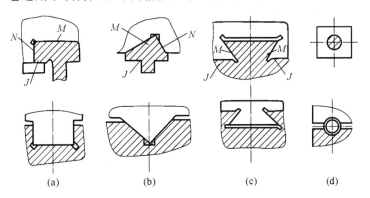

图 6-31　四种类型的滑动导轨截面形状

(a) 矩形导轨;(b) 三角形导轨;(c) 燕尾槽导轨;(d) 圆柱形导轨

(2) 三角形导轨　图 6-31(b)所示为三角形导轨,三角形导轨有两个导向面,同时控制了垂直方向和水平方向的导向精度。这种导轨在载荷的作用下,自行补偿间隙,导向精度较其他导轨高。

(3) 燕尾槽导轨　图 6-31(c)所示为燕尾槽导轨,这是闭式导轨中接触面最少的一种结构,磨损后不能自动补偿间隙,需用镶条调整。这种导轨能承受颠覆力矩,摩擦阻力较大,但运行平稳,多用于重型负载的移动部件。

(4) 圆柱形导轨　图 6-31(d)所示为圆柱形导轨,这种导轨刚度高、易制造,外径可磨削,内孔可珩磨以达到精密配合,但磨损后间隙调整困难。它适用于受轴向载荷的场合,如压力机、攻螺纹机和机械手等。

2）塑料滑动导轨

数控机床采用的塑料滑动导轨有铸铁-塑料滑动导轨和钢-塑料滑动导轨。塑料滑动导轨常用在导轨副的运动导轨上，与之相配的金属导轨采用铸铁或钢质材料。为了提高数控机床的定位精度和运动平稳性，目前在数控机床上已广泛采用塑料导轨。它分为贴塑导轨和注塑导轨两种形式。

（1）贴塑导轨　贴塑导轨是一种金属对塑料的滑动摩擦导轨，它是在滑动导轨的摩擦表面上贴上一层由塑料等其他化学材料组成的塑料薄膜软带，以提高导轨的耐磨性，降低摩擦因数，而支承导轨则是淬火钢导轨。塑料软带是以聚四氟乙烯为基体，加入青铜粉、二硫化铝和石墨等填充剂混合烧结并做成软带状，如图 6-32 所示。软带应粘贴在机床导轨副的短导轨面上，圆形导轨软带应粘在下导轨面上。

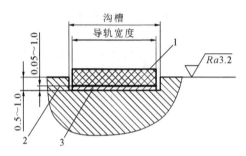

图 6-32　贴塑导轨结构
1—导轨软带；2—黏结材料；3—黏结层

贴塑导轨的优点是：摩擦因数低，动、静摩擦因数接近，不易产生爬行现象；接合面抗咬合磨损能力强，减振性好；耐磨性高；化学稳定性好（耐水、耐油）；可加工性能好，工艺简单，成本低；当有硬粒落入导轨面上也可挤入塑料内部，可避免磨损和划伤导轨。

（2）注塑导轨　这种导轨注塑或抗磨涂层的材料是以环氧树脂和二硫化铝为基体，加入增塑剂，混合为膏状的一组分，如图 6-33 所示。导轨注塑的工艺简单，在调整好固定导轨和运动导轨间相互位置精度后注入双组分塑料，固化后将定、动导轨分离即成塑料导轨副，这种方法制作的塑料导轨习惯上又称注塑导轨。塑料涂层导轨摩擦因数小。在无润滑油的情况下仍有较好的润滑和防爬行的效果。

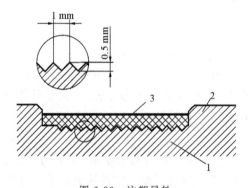

图 6-33　注塑导轨
1—滑座；2—胶条；3—注塑层

贴塑导轨有逐渐取代滚动导轨的趋势，不仅适用于数控机床，而且还适用于其他各种类型的机床导轨，它在旧机床修理和数控化改装中可以减少机床结构的修改，因而更加扩大了塑料导轨的应用领域。

2. 滚动导轨

滚动导轨是在导轨工作面间放入滚动体,滚动体为滚珠、滚柱或滚针等,使导轨面间形成滚动摩擦,摩擦因数在 0.0025~0.005,动、静摩擦因数相差很小,几乎不受运动速度变化的影响,运动轻便灵活,所需功率小,摩擦发热小,磨损小,节度保持性好,低速运动平稳,移动精度和定位精度都很高,可以使用油脂润滑。但滚动导轨结构复杂,制造成本高,抗振性差。滚动导轨有多种形式,且前滚动导轨常用的结构形式主要是直线滚动导轨和滚动导轨块。直线滚动导轨一般用滚珠作为滚动体,而滚动导轨块用滚子作为滚动体。

1）直线滚动导轨

直线滚动导轨是近年来新出现的一种滚动导轨,其优点为无间隙,并且能够施加预紧力,导轨的结构如图 6-34 所示。直线滚动导轨由导轨体、滑块、滚柱或滚珠、保持器、端盖等组成,又称单元式直线滚动导轨。使用时,导轨体固定在不运动部件上,滑块固定在运动部件上。当滑块与导轨体相对移动时,滚动体在导轨体和滑块之间的圆弧直槽内滚动,并通过端盖内的滚道,从工作负荷区滚动到非工作负荷区,然后再滚动回工作负荷区,不断循环,而把导轨体和滑块之间的移动变成滚动体的滚动。为防止灰尘和脏物进入导轨滚道,滑块两端及下部均装有塑料密封垫,滑块上还有润滑油杯。目前,国内、外中小型数控机床上广泛采用这种导轨。

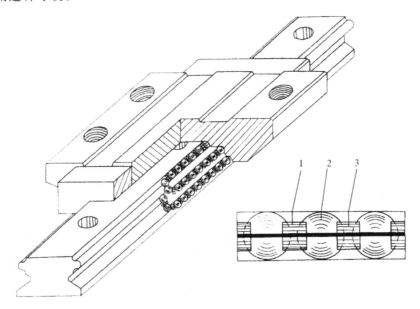

图 6-34　直线滚动导轨的外形和结构

1—球保持器；2—钢球；3—油膜接触

2）滚动导轨块

滚动导轨块是一种用滚动体进行循环运动的滚动导轨。移动部件运动时,滚动体沿封闭轨道进行循环运动。滚动体为滚珠或滚柱。数控机床上采用的滚柱式单元滚动导轨块如图 6-35所示。它多用于中等负荷导轨。滚动导轨块由专业厂家生产,有各种规格、形式供用户选择。使用时,导轨块装在运动部件上,每一导轨应至少用两块或更多块,导轨块的数目取决于导轨的长度和负载的大小,与之相应的导轨多用镶钢淬火导轨。

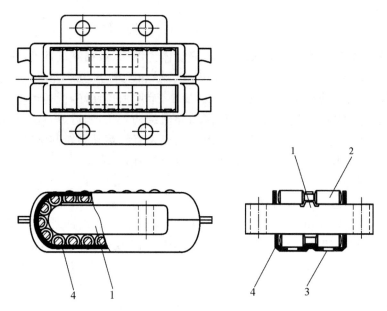

图 6-35　滚动导轨块结构

1—中间导向；2—滚柱；3—油孔；4—保持器

3. 静压导轨

静压导轨是在两个相对运动的导轨面间通入压力油，使运动件浮起。在工作过程中，导轨面上油腔中的油压能随外加负载的变化自动调节，以平衡外加负载，保证导轨面间始终处于纯液体摩擦状态。所以，静压导轨的摩擦因数极小（约为 0.0005），功率消耗少，导轨不会损害，导轨的精度保持性好，使用寿命长。油膜厚度几乎不受速度的影响，油膜承载能力大，刚度高，吸振性良好，导轨运行平稳，既无爬行，也不会产生振动。但静压导轨结构复杂，并需要有一套良好过滤效果的液压装置，制造成本较高。目前，静压导轨较多地应用在大型、重型数控机床上。

静压导轨按导轨形式，可分为开式和闭式两种，数控机床用闭式的静压导轨。

图 6-36(b) 所示为闭式静压导轨，它能承受较大的颠覆力矩，导轨刚度也较高。闭式静压导轨各方向导轨面上都开有油腔，所以闭式导轨具有承受各方面载荷和颠覆力矩的能力。设油腔各处的压强分别为 P_1、P_2、P_3、P_4、P_5、P_6，当受颠覆力矩为 M 时，P_1、P_6 处间隙变小，则 P_1、P_6 增大；P_3、P_4 处间隙变大，则 P_3、P_4 变小，这样就可形成一个与颠覆力矩呈反向的力矩，从而使导轨保持平衡。

4. 导轨的润滑与防护

导轨的润滑与防护是非常重要的，它直接关系到机床的精度和使用寿命。

(1) 滑动导轨的润滑　在数控机床上，导轨最简单的润滑方式是人工定期加油或用油杯供油，这种方法简单、成本低，但不可靠，一般用于调节辅助导轨及运动速度低、工作不频繁的滚动导轨。对运动速度较高的导轨大都采用润滑泵，以压力强制润滑。这样不但可连续或间歇供油给导轨进行润滑，而且可利用油的流动冲洗和冷却导轨表面。为实现强制润滑，必须有专门的供油系统。

(2) 导轨的防护　为了防止切屑、磨粒或切削液散落在导轨面上而引起磨损加快、划伤和锈蚀，导轨面上要有可靠的防护装置。

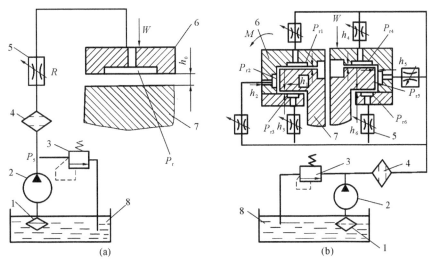

图 6-36 静压导轨

（a）开式静压导轨工作原理图；（b）闭式静压导轨工作原理图

1—滤油器；2—齿轮泵；3—溢流阀；4—过滤器；5—节流阀；6—运动导轨；7—床身导轨；8—油箱

6.3.5 回转工作台

为了扩大数控机床的功能，数控机床的进给运动，除 X、Y、Z 三个坐标轴的直线进给运动之外，还需要有绕 X、Y、Z 三个坐标轴的圆周进给运动，分别称 A、B、C 轴。数控机床的圆周进给运动一般由数控回转工作台（简称数控转台）来实现。数控转台除了分度和转位的功能之外，还能实现数控圆周进给运动。回转工作台是冲床、钻床、铣床等重要附件，用于加工有分度要求的孔、槽和斜面，加工时转动工作台，则可加工圆弧面和圆弧槽等。图 6-37 所示为回转工作台。

图 6-37 回转工作台

数控转台可分为开环和闭环两种。

1. 开环数控回转工作台

图 6-38 所示为一种自动换刀数控立式镗铣床开环数控回转工作台（简称数控转台）的结构图。数控转台由步进电动机 3 驱动。齿轮 2 和齿轮 6 的啮合间隙是通过调整偏心环 1 来消除的。齿轮 6 与蜗杆 4 用花键结合，花键结合的间隙应尽量小，以减小对分度定位精度的影响。蜗杆 4 为双导程（变齿厚）蜗杆，因此，可以用轴向移动蜗杆的办法来消除蜗杆 4 与蜗轮 15 的啮合间隙。调整时，只要将调整环 7（两个半圆环垫片）的厚度改变，便可使蜗杆 4 沿轴向移动。蜗杆 4 的两端装有滚针轴承，左端为自由端，可以伸缩；右端装有两个向心推力球轴承，承受蜗杆的轴向力。蜗轮 15 下部的内、外两面装有夹紧瓦 18 和 19，数控转台的底座 21 上固定的支座 24 内均布有 6 个液压缸 14，液压缸 14 上端进压力油，柱塞 16 下行，并通过钢球 17 推动夹紧瓦 18 和 19，将蜗轮夹紧，从而将数控转台夹紧。

数控转台不需要夹紧时，控制系统首先发出指令，使液压缸 14 上腔的油液流回油箱。由于弹簧 20 的作用把钢球 17 抬起，于是夹紧瓦 18 和 19 就松开蜗轮 15。然后，启动步进电动机，并按照指令脉冲的要求来确定数控转台的回转方向、回转速度、回转角度及回转速度变化规律等参数。当数控转台作为分度用时，分度回转结束后，要把蜗轮夹紧，以保证定位的可靠性，并提高承受负载的能力。

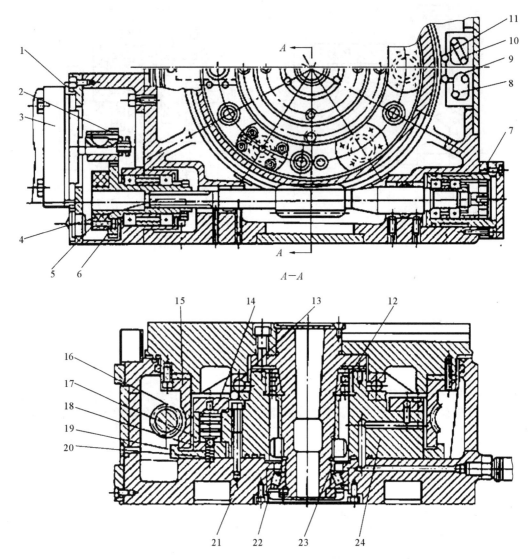

图 6-38　XHK5140 自动换刀数控立式镗铣床开环数控回转工作台

1—偏心环;2,6—齿轮;3—步进电动机;4—蜗杆;5—垫圈;7—调整环;8,10—微动开关;9,11—挡块;12,13,22—轴承;
14—液压缸;15—蜗轮;16—柱塞;17—钢球;18,19—夹紧瓦;20—弹簧;21—底座;23—调整套;24—支座

　　数控转台的分度定位和分度工作台不同,它是按控制系统所指定的脉冲数来决定转位角度,没有其他的定位元件。因此,对开环数控转台的传动精度要求高、传动间隙应尽量小。数控转台设有零点,当它进行返零控制时,先由挡块 11 压合微动开关 10,发出从"快速回转"变为"慢速回转"的信号,转台慢速回转。再由挡块 9 压合微动开关 8 进行第二次减速。然后,由无触点行程开关发出从"慢速回转"变为"点动步进"。最后,由步进电动机停在某一固定的通电相位上,从而使转台准确地停在零点位置上。

　　数控转台的脉冲当量是指数控转台每个脉冲所回转的角度(度/脉冲)。现有的数控转台的脉冲当量在 0.0010～0.020 mm 脉冲之间,使用时应根据加工精度的要求和数控转台直径的大小来选定。一般来讲,加工精度越高,脉冲当量应选得越小;数控转台直径越大,脉冲当量应选得越小。

2.闭环数控回转工作台

闭环数控转台的结构与开环数控转台大致相同,其区别在于闭环数控转台有转动角度的测量元件(圆光栅或圆感应同步器)。所测量的结果经反馈与指令值进行比较,按闭环原理进行工作,使转台分度精度更高。其工作原理不再叙述。

6.4　自动换刀系统

为了提高数控机床的生产效率,进一步减少非切削时间,要求数控机床在一次装夹中完成多工序或全部工序的加工,必须具有自动换刀装置。刀架是数控车床的重要部件,它主要用于安装各种切削加工刀具,其结构直接影响机床的切削性能和工作效率。

自动换刀装置应满足换刀快、时间短,重复定位精度高,刀具储存量足够,所占空间位置小,工作稳定可靠等要求。其基本形式、特点及适应范围见表 6-6。

表 6-6　自动换刀装置的基本形式、特点及适用范围

基 本 形 式		特 点	适 用 范 围
转塔式	回转刀架	多为顺序换刀,换刀时间短,结构简单紧凑,容纳刀具较少	各种数控车床,加工中心
	转塔头	顺序换刀,换刀时间短,刀具主轴都集中在转塔头上,结构紧凑但刚度较低,刀具主轴数受限制	数控钻,镗,铣床
刀库式	刀具和主轴直接换刀	换刀运动集中,运动部件少。但刀库容量受限	数控铣床,加工中心
	机械手配合刀库和主轴换刀	刀库只有选刀运动,使用机械手进行换刀,刀库容量大	

6.4.1　数控机床换刀

1.回转刀架换刀

回转刀架换刀是一种简单的自动换刀装置,常用于数控车床。根据不同的加工对象,可设计成四方、六方刀架或八工位圆盘式轴向装刀刀架等多种形式,相应地安装四把、六把或更多的刀具,并按数控装置的指令换刀。

回转刀架在结构上必须具有足够的强度和刚度,以承受粗加工时的切削抗力。由于车削加工精度在很大程度上取决于刀尖位置,对于数控车床来说,加工过程中刀具位置不进行人工调整,因此,更有必要选择可靠的定位方案和合理的定位机构,以保证回转刀架在每次转位之后,具有尽可能高的重复定位精度。

回转刀架按其工作原理可分为机械螺母升降转位、十字槽轮转位、凸台棘爪式、电磁式及液压式等多种工作方式。但其换刀的过程一般均为刀架抬起、刀架转位、刀架压紧并定位等几个步骤。图 6-39 所示为四方位回转刀架,一个刀架可以安装 4 把不同的刀具,它的换刀过程如下。

1) 刀架抬起

当数控装置发出换刀指令后,电动机 1 启动正转,通过平键套筒联轴器 2 使蜗杆轴 3 转动,从而带动蜗轮丝杠 4 转动。刀架体 7 内孔加工有螺纹,与丝杠连接,蜗轮与丝杠为整体结构。当蜗轮开始转动时,由于加工在刀架底座 5 和刀架体 7 上的端面齿处在啮合状态,且蜗轮

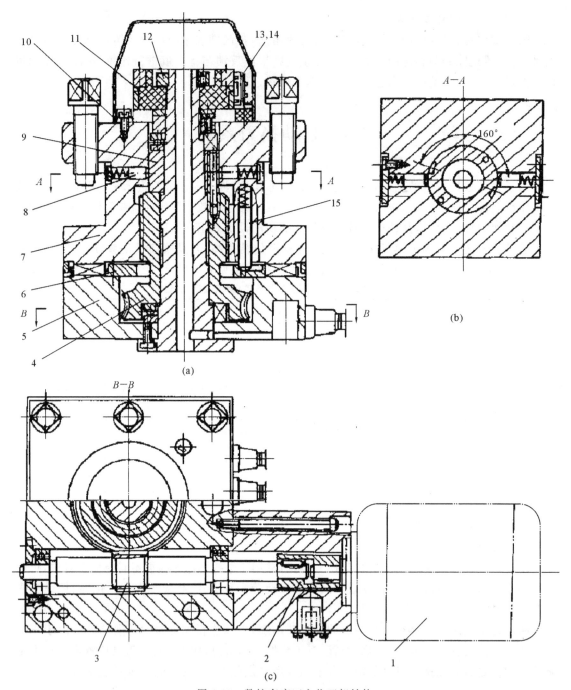

图 6-39　数控车床四方位刀架结构

1—电动机;2—联轴器;3—蜗杆轴;4—蜗轮丝杠;5—刀架底座;6—粗定位盘;
7—刀架体;8—球头销;9—转位套;10—电刷座;11—发信体;12—螺母;13,14—电刷;15—粗定位销

丝杠轴向固定,这时刀架体 7 抬起。

2）刀架转位

当刀架体抬至一定距离后,端面齿脱开,转位套 9 用销钉与蜗轮丝杠 4 连接,随蜗轮丝杠一同转动。当端面齿完全脱开,转位套正好转过 160°,如图 6-39(b)A—A 所示,球头销 8 在弹簧力的作用下进入转位套 9 的槽中,带动刀架体转位。

3）刀架定位

刀架体 7 转动带着电刷座 10 转动,当转到程序指定的刀号时,粗定位销 15 在弹簧的作用下进入粗定位盘 6 的槽中进行粗定位,同时电刷 13 接触导体使电动机 1 反转,由于粗定位槽的限制,刀架体 7 不能转动,使其在该位置垂直落下,刀架体 7 和刀架底座 5 上的端面齿啮合实现精确定位。

4）夹紧刀架

电动机继续反转,此时蜗轮停止转动,蜗杆轴 3 自身转动。当两端面的夹紧力增加到一定时候,电动机 1 停止转动。

译码装置由发信体 11 和电刷 13、14 组成,电刷 13 负责发信,电刷 14 负责位置判断。当刀架定位出现过位或不到位时,可松开螺母 12 调好发信体 11 与电刷 14 的相对位置。

2. 更换主轴头换刀

在带有旋转刀具的数控镗铣床中,常用多主轴转塔头换刀装置。通过多主轴转塔头的转位来换刀是一种比较简单的换刀方式,这种机床的主轴转塔头就是一个转塔刀库,转塔头有卧式和立式两种。图 6-40 所示是数控转塔式镗铣床的外观图,八方形转塔头上装有八根主轴,每根主轴上装有一把刀具,根据工序的要求,按顺序自动地将装有所需刀具的主轴转到工作位置,实现自动换刀,同时接通主传动,不处在工作位置的主轴便与主传动脱开,转塔头的转位(即换刀)由槽轮机构来实现。每次换刀包括下列动作:

（1）脱开主轴传动;

（2）转塔头抬起;

（3）转塔头转位;

（4）转塔头定位压紧;

（5）主轴传动重新接通。

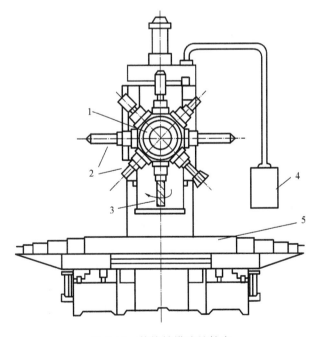

图 6-40　数控转塔式镗铣床

1—转塔;2—主轴;3—刀具;4—数控面板;5—工件

这种换刀装置储存刀具的数量较少,适用于加工较简单的工件,其优点在于省去了松、夹、卸刀、装刀以及刀具搬运等一系列的复杂操作,缩短了换刀时间,提高了换刀的可靠性。但是由于空间位置的限制,使主轴部件结构不能设计得十分坚实,因而影响了主轴的刚度。为了保证主轴的刚度,必须限制主轴数目,否则将使结构尺寸大大增加。因此,转塔头主轴通常只适用于工序较少、精度要求不太高的机床,例如数控钻床、数控铣床等。

3.使用刀库换刀

这类换刀装置由刀库、选刀机构、刀具交换机构及刀具在主轴上的自动装卸机构等四部分组成,应用最广泛。

带刀库的自动换刀系统,整个换刀过程比较复杂,首先要把加工过程中要用的全部刀具分别安装在标准的刀柄上,在机外进行尺寸预调整后,插入刀库中。换刀时,根据选刀指令先在刀库上选刀,由刀具交换装置从刀库和主轴上取出刀具,进行刀具交换,然后将新刀具装入主轴,将用过的刀具放回刀库。当刀库离主轴较远时,还要有搬运装置运送刀具。

6.4.2 数控机床刀库

刀库是用来储存加工刀具及辅助工具的地方。由于多数加工中心的取送刀位置都是在刀库中的某一固定刀位,因此,刀库还需要有使刀具运动及定位的机构来保证换刀的可靠。即使要更换的每一把刀具或刀套都能准确地停在换刀位置上,一般要求综合定位精度达到 0.1~0.5 mm 即可。

刀库的形式有多种,结构也各不相同,根据刀库容量和取刀方式,加工中心刀库可以分为盘式刀库、链式刀库和格子盒式刀库。目前在加工中心上用得较普遍的有盘式刀库和链式刀库。

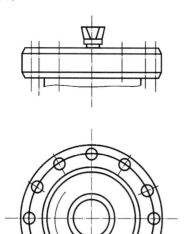

1.盘式刀库

盘式刀库结构简单,应用较多,但由于刀具环行排列,空间利用率较低,受刀盘尺寸的限制,刀库容量较小,通常容量为15~32 把刀。

因此,通常将刀具在盘中采用双环或多环排列,以增加空间利用率。但这样一来刀库的外径过大,转动惯量也很大,选刀时间较长。因此,盘式刀库一般用于刀具容量较少的刀库。

图 6-41 所示为一种立式加工中心机床的盘式刀库,其刀具的方向与主轴同向,换刀时主轴上刀具随主轴运动并准停在换刀位置,这时刀库靠近主轴,将主轴上的刀具取下,然后刀库退回,旋转至所需换刀的位置,刀库再靠近主轴并将刀换到主轴上,刀库退回,主轴箱下降进行加工。

2.链式刀库

图 6-42 所示为链式刀库的几种结构类型,链式刀库是目前加工中心机床用得最广泛的一种形式,由一个主动链

图 6-41 盘式刀库

轮带动装有刀套的链条转动。该种刀库结构紧凑,灵活性好,运行平稳,选刀和取刀动作简单,刀库容量可以做得较大,通常容量为 30~120 把刀。链条的形状可根据机床的布局制成各种形状。

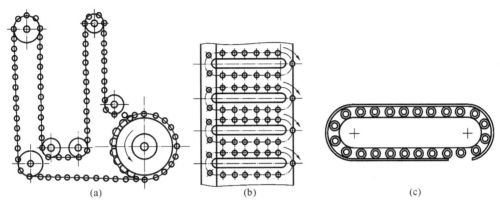

图 6-42　链式刀库

(a) 单排链式刀库；(b) 多排链式刀库；(c) 加长链条的链式刀库

3.格子盒式刀库

图 6-43 所示为固定型格子盒式刀库。刀具分几排直线排列,由纵、横向移动的取刀机械手完成选刀运动,将选取的刀具送到固定的换刀位置刀座上,由换刀机械手交换刀具。由于刀具排列密集,空间利用率高,刀库容量大。虽然占地面积小,结构紧凑,在相同的空间内可容纳的刀具数量较多,但选刀和取刀动作复杂,已经很少用于单机加工中心,多用 FMS(柔性制造系统)的集中供刀系统。

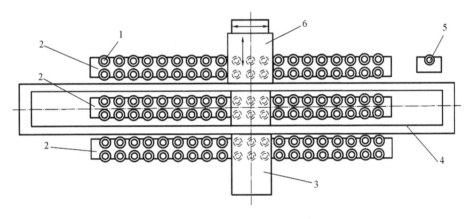

图 6-43　固定型格子盒式刀库

1—刀座；2—刀具固定板架；3—取刀机械手横向导轨；4—取刀机械手纵向导轨；5—换刀位置刀座；6—换刀机械手

6.4.3　刀具的选择方式

常用的刀具选择方式有顺序选刀和任意选刀两种。顺序选刀是在加工之前,将加工零件所需刀具按照工艺要求依次插入刀库的刀套中,顺序不能搞错。加工是按顺序选刀的,加工不同的工件时必须重新调整刀库中的刀具顺序,操作烦琐,而且刀具的尺寸误差也容易造成加工精度不稳定。其优点是刀库的驱动和控制都比较简单。因此,这种方式适合加工批量较大、工件品种数量较少的中、小型自动换刀机床。

随着数控系统的发展,目前大多数的数控系统都具有刀具任选功能。任选刀具的换刀方式分为刀具编码、刀套编码和刀具记忆等形式。刀具编码或刀套编码需要在刀具或刀套上安装用于识别的编码条,一般都是根据二进制编码的原理进行编码的。刀具编码选刀方式采用了一种特殊的刀柄结构,并对每把刀具编码。每把刀具都具有自己的代码,因而刀具可以在不同的工序中多次重复使用,换下的刀具不用放回原刀座,有利选刀和装刀,刀库的容量也相应减小,而且可避免由于刀具顺序的差错所发生的事故。但每把刀具上都带有专用的编码系统,刀具长度加长,制造困难,刚度降低,刀库和机械手的结构复杂。刀套编码的方式,一把刀具只对应一个刀套,从一个刀套中取出的刀具必须放回同一刀套中,取、送刀具十分麻烦,换刀时间较长。

目前,在加工中心大量使用记忆式的任选方式,这种方式能将刀具号和刀库中的刀套位置(地址)对应地记忆在数控系统的计算机中,无论刀具放在哪个刀套内都始终记忆着。刀库上装有位置检测装置,可以检测出每个刀套的位置,这样刀具就可以任意取出并送回。刀库上还设有机械原点,使每次选刀时就近选取。

刀库的容量是指加工中心机床刀库存储刀具的最大能力,刀库的容量并不是越大越好,刀库容量太大反而会增加刀库的尺寸和占地面积,导致结构过于复杂,降低刀库的利用率,造成很大的浪费;刀库容量太小则会影响数控机床的性能和加工效率。因此,应根据合理的技术论证与统计,并依照该机床加工大多数工件时所需要的刀具数来确定刀库的容量。

习　　题

6-1　数控机床总体设计时应考虑哪些问题?

6-2　在结构上对数控机床有哪些要求?

6-3　数控机床的运动分配与部件的布局有何关系?

6-4　设计数控机床主传动系统时必须考虑哪些问题?

6-5　数控机床对主轴驱动的主要要求是什么?

6-6　数控机床对进给系统的机械传动部分的要求是什么? 如何实现这些要求?

6-7　刀库的基本形式有哪几种?

6-8　刀具交换装置可分为几大类? 简述之。

参 考 文 献

[1] 陆全龙. 数控机床[M]. 武汉:华中科技大学出版社,2008.
[2] 杨贺来. 数控机床[M]. 北京:清华大学出版社,2009.
[3] 陈江进,雷黎明. 数控加工与操作[M]. 北京:国防工业出版社,2010.
[4] 杨有君. 数控技术[M]. 2 版. 北京:机械工业出版社,2011.
[5] 何玉安. 数控技术及其应用[M]. 2 版,北京:机械工业出版社,2011.
[6] 顾京. 数控加工编程及操作[M]. 北京:高等教育出版社,2003.
[7] 王吉林. 现代数控加工技术基础实习教程[M]. 北京:机械工业出版社,2009.
[8] 陈俊龙. 数控技术与数控机床[M]. 北京:浙江大学出版社,2007.
[9] 田林红. 数控技术[M]. 河南:郑州大学出版社,2008.
[10] 任立军. 数控机床[M]. 北京:机械工业出版社,2012.
[11] 蒋丽. 数控原理与系统[M]. 北京:北京航空航天大学出版社,2010.
[12] 唐波. 数控机床及编程[M]. 长沙:中南大学出版社,2006.
[13] 崔永波. 数控机床故障诊断与维修[M]. 北京:机械工程出版社,2012.
[14] 张丽华. 数控编程与加工[M]. 北京:北京理工大学出版社,2014.
[15] 郭永亮. 数控机床[M]. 北京:机械工业出版社,2011.
[16] 谷清贤. 数控编程与数值计算[M]. 上海:上海交通大学出版社,2006.
[17] 李方园,李亚峰. 数控机床电气控制[M]. 北京:清华大学出版社,2010.
[18] 杨克冲,陈吉红,郑小年. 数控机床电气控制[M]. 武汉:华中科技大学出版社,2005.
[19] 陈德道. 数控技术及其应用[M]. 北京:国防工业出版社,2009.
[20] 钱平. 伺服系统[M]. 北京:机械工业出版社,2005.
[21] 林宋,张超英,陈世乐. 现代数控机床[M]. 2 版. 北京:化学工业出版社,2011.
[22] 刘军. 数控技术及应用[M]. 北京:北京大学出版社,2013.
[23] 吴瑞明. 数控技术[M]. 北京:北京大学出版社,2012.
[24] 邵泽强,王晓忠. 机床数控技术基础[M]. 北京:电子工业出版社,2013.